58.
30.
141.
49.
129.
128.
3.
58.
141.
49.
129.
30.
49.
129.
141.
3.
58.
49.
128.
49.
129.
58.

Sophie Germain

Avec le soutien du

CENTRE NATIONAL DU LIVRE

ISBN 978-2-211-31522-7

Loi n° 49.956 du 16 juillet 1949 sur les publications destinées à la jeunesse : février 2020
Dépôt légal : avril 2022
Imprimé en France par Clerc à Saint-Amand-Montrond
Édition spéciale non commercialisée en librairie

Sylvie Dodeller

Sophie Germain

La femme cachée des mathématiques

Illustrations de Julien Billaudeau

MÉDIUM
l'école des loisirs
11, rue de Sèvres, Paris 6e

58.
30.
141.
129. a
49.
129. a
128.
3.
3.
58.
141.
49.
129. a
30.
49.
129. a
141.
3.
58.
49.
128.
49.
129. a
58.

Ne dérange pas mes cercles !
Archimède

Révolution

Un livre très spécial

Sophie cherche un livre. Cela fait dix bonnes minutes qu'elle est plantée devant la bibliothèque de son père et elle n'a toujours rien trouvé.

Un livre ?

Mais les étagères débordent de livres ! Souvent d'excellente réputation. On croise ici des contes philosophiques de l'ami Voltaire, des pièces mutines du sieur Marivaux et un trésor, plusieurs volumes de l'*Encyclopédie* de MM. Diderot et d'Alembert. Voilà qui devrait satisfaire n'importe quelle nature jeune et curieuse en quête de lecture.

Tout à fait le genre de Sophie.

Mais en ce jour particulier, elle ne veut surtout pas d'un livre léger, entraînant ou bourré de savoir passionnant, encore moins d'un livre qui conviendrait parfaitement à une adolescente de treize ans. Car elle sait que ce serait loin d'être suffisant.

Ce qu'elle cherche, c'est un livre à part, un ouvrage coriace qui lui donnerait du fil à retordre, un texte qui réclamerait son attention pleine et entière, qui nécessiterait un engagement de tout son être.

Un livre qui la scotche.

Son regard parcourt une nouvelle fois tous ces titres qui se détachent en lettres d'or, et voilà qu'il bute sur ce mot bizarre: «ma-thé-ma-tiques». Qu'est-ce donc que ces «mathématiques»? Un pays, une contrée, une peuplade lointaine, une civilisation antique? Sophie n'en a pas la moindre idée mais, elle se dit qu'«ils» ou «elles» doivent avoir de l'importance pour que l'auteur, un certain Montucla, ait choisi de raconter l'*Histoire des mathématiques* en deux épais volumes de six cents pages chacun.

Un coup d'œil sur la table des matières du premier tome laisse à penser qu'il s'agit d'une science. Les intitulés parlent de *trigonométrie rectiligne et sphérique,* de *calcul exponentiel,* de partie «*infinitésimale*», de *quadratures*, de *rectifications* et d'autres termes abscons.

Elle n'y comprend rien.

Parfait !

Elle s'installe à la table de travail de son père avec le livre grand ouvert. Elle le renifle, le feuillette, saute allègrement les passages en latin, glisse sur les démonstrations, effleure les lignes sans vraiment les lire… Et puis, lentement, presque insidieusement, certaines phrases attrapées au vol se mettent à faire sens et à lui raconter une histoire.

L'auteur, Jean-Étienne Montucla, est un vieux renard. S'il veut captiver son lecteur, il sait bien qu'il faut lui proposer autre chose qu'un traité un peu aride de mathématiques, il a donc choisi d'agrémenter son propos avec le récit alerte et bien troussé de la vie trépidante de mathématiciens célèbres.

Sophie a mordu à l'hameçon à pleines dents.

Une heure plus tard, la voilà toujours plongée dans son pavé, téléportée dans l'Antiquité où elle rencontre successivement Thalès, Démocrite, Pythagore et le grand Archimède. Comme si plus rien d'autre n'existait.

Ni les cris qui montent de la rue, ni les Parisiens au bord de l'émeute, ni la panique générale dans la capitale. En ce 13 juillet 1789, chez les Germain, tout n'est qu'ordre, calme et… mathématiques.

Prisonnière

La journée a pourtant démarré tambour battant. Comme l'ensemble des Parisiens, Sophie a été réveillée dès l'aube et en sursaut par les cloches de toutes les églises de la capitale, qui se sont mises à sonner le tocsin. Un ding ding obstiné qui depuis n'a pas cessé, martelant à intervalles réguliers que Paris est en grand danger.

Comme si ses habitants risquaient de l'oublier.

Femmes, hommes, enfants, ouvriers, commerçants, bourgeois, artisans, prêtres, mendiants, et même prisonniers qu'on a sortis des geôles du Châtelet... tout le peuple de Paris retient son souffle depuis deux jours dans la crainte de voir débouler l'ennemi.

Il est tout près, aux portes de la capitale.

Six régiments étrangers au service du roi de France n'attendent qu'un ordre pour fondre sur la ville et mater ces Parisiens «têtes de chien» qui depuis des semaines montrent les dents, s'agitent, grognent et réclament du pain. Contrairement aux gardes-françaises qui rechignent à tirer sur le peuple, les bataillons suisses et allemands n'auront aucun scrupule à faire feu, soyez-en sûrs, et c'est bien pour cela que Louis XVI a choisi d'envoyer ses mercenaires étrangers. Au fil des heures, les Parisiens imaginent le pire. On craint le massacre, on pressent un carnage ; la veille, un certain Camille Desmoulins a prédit une nouvelle Saint-Barthélemy*.

Sale ambiance.

Chez les Germain, l'inquiétude est telle que les filles sont bouclées à la maison sous la surveillance de leur mère. Elles sont trois, Sophie, treize ans, que vous venez de rencontrer, Angélique, dix ans, et Madeleine, l'aînée, déjà fiancée.

Mme Germain leur ayant interdit de mettre un pied dehors mais pas le nez à la fenêtre, les sœurs s'empressent d'en faire un poste d'observation des plus efficaces. Malgré la chaleur, elles ouvrent en grand la fenêtre du premier étage et se penchent à tour de rôle pour capter au mieux les mouvements de la foule, les bruits et les nouvelles qui montent jusqu'à elles.

La famille Germain habite rue Saint-Denis, juste au-dessus du Cabas d'or, un beau magasin de fils de soie que tient le père. Ou plutôt *tenait*, car ces dernières semaines on ne l'y voit guère. Depuis qu'il a été élu

* Le 24 août 1572, jour de la Saint-Barthélemy, le carillon de l'église de Saint-Germain-l'Auxerrois, en face du Louvre, donne le signal du massacre des protestants de Paris. C'est un carnage.

député du tiers état, Ambroise Germain passe son temps à Versailles où siège la toute jeune Assemblée nationale. Il a bien mieux à faire, semble-t-il, que de gérer ses affaires.

Le Cabas d'or est extrêmement bien situé, tout près de la fontaine des Innocents, du marché des Halles et du Châtelet, là où bat le cœur de Paris. C'est un quartier de commerçants, surtout de merciers, comme M. Germain ; il y a aussi des artisans et tout un petit peuple d'ouvriers, d'apprentis et de commis. Il est réputé pour s'enflammer vite et souvent, prompt à verser dans l'enthousiasme ou dans la contestation. En ce 13 juillet caniculaire, le quartier est en ébullition.

Une veillée d'armes, sans armes

Il y a de quoi être sur les nerfs. Dans l'attente d'une attaque imminente, les Parisiens cherchent désespérément de quoi se défendre. Leur stratégie varie, mais leur objectif est le même. Il y a ceux qui comptent affronter l'ennemi, et ceux qui veulent former une milice, rétablir le calme dans Paris et ôter au roi tout prétexte d'envoyer ses régiments étrangers. Dans les deux cas, il faut trouver des armes. Des milliers de Parisiens courent aux Invalides chercher des fusils, mais ils sont refoulés. Ils se rabattent sur les boutiques et les armureries, qui sont allègrement pillées. Ils forcent les portes du garde-meuble royal, dont ils ressortent les bras chargés de vieux mousquets, d'arbalètes grises de poussière et de brassées d'épées ciselées que les rois de France se sont transmis de père en fils.

C'est un peu léger, non, pour combattre des bataillons suisses et allemands armés jusqu'aux dents ?

Au fil des heures, la température grimpe en même temps que l'excitation générale. Pour la centième fois de la journée, Sophie se penche à la fenêtre. À l'ombre de la fontaine des Innocents, elle aperçoit des grappes d'hommes et de femmes discuter avec véhémence, elle repère les gamins qui courent d'un groupe à l'autre pour transmettre les dernières nouvelles, elle tente de comprendre ce qui se dit, ce qui se trame... Elle grommelle. Comme c'est agaçant d'être à la fois si près et si loin.

Ding ding ding. Et ce fichu tocsin qui ne cesse d'annoncer la fin du monde ! Sophie se bouche les oreilles et guette avec ferveur la silhouette de son père.

Avec d'autres députés parisiens, Ambroise Germain a quitté Versailles en catastrophe et rejoint Paris. À peine a-t-il pris le temps d'embrasser ses filles, de les rassurer, de leur jurer qu'il n'y avait aucune raison de s'inquiéter – même si, tout bien considéré, il valait mieux ne pas sortir et que, par simple mesure de précaution, il convenait de n'ouvrir à personne – et il a filé à l'Hôtel de Ville, où se tenait une cellule de crise.

Depuis, on est sans nouvelles.

Son père absent, la ville assiégée, la mine inquiète de sa mère, et ces hommes et ces femmes sur le pied de guerre… Au fil des heures, Sophie sent l'angoisse se répandre comme un poison lent dans tout son corps.

Bien sûr, elle pourrait rejoindre ses deux sœurs qui tuent le temps à coups d'aiguille comme savent le faire les filles de bonne famille. Mais Sophie déteste la broderie, le tricot, et elle exècre tous les ouvrages pour dames en général.

Elle en est là lorsqu'elle choisit de se réfugier dans la bibliothèque de son père, et de se mettre en quête d'un livre qui lui occupera l'esprit. Vous connaissez la suite et sa découverte fortuite de l'*Histoire des mathématiques* de Montucla.

Mortelle distraction

Depuis, Sophie n'a pas bougé, toujours plongée dans la vie des mathématiciens célèbres. Nous la rejoignons au moment précis où elle s'apprête à faire la rencontre qui va bouleverser le cours de sa jeune existence. Encore quelques pages, et son destin croisera celui d'Archimède, le plus grand mathématicien de l'Antiquité et peut-être de tous les temps. C'est lui qui a démontré le rapport entre le volume de la sphère et celui du cylindre qui la contient.

Cela ne vous évoque rien sans doute, pas plus qu'à Sophie d'ailleurs, mais il s'agit d'une formule si remarquable qu'elle est représentée au dos de la médaille Fields, la plus haute distinction actuelle en mathématiques. Archimède est surtout connu du grand public pour une série d'anecdotes qui ont fait de lui et pour toujours un savant Cosinus effroyablement distrait.

C'est cet Archimède qui fait grosse impression sur Sophie.

Petit rappel des excentricités du bonhomme…

Né à Syracuse, en Sicile, vers 287 avant J.-C., ce géomètre génial ne vit que pour les mathématiques, au point que ses serviteurs sont obligés de l'interrompre dans ses recherches pour l'obliger à boire, à manger, et sans doute à se laver. Mais rien ne l'arrête. Même lorsqu'il prend son bain, il continue à calculer, à supputer, à réfléchir à de nouvelles démonstrations. La fameuse théorie de la «poussée d'Archimède» lui vient au milieu de sa toilette. Selon la légende, il saute de sa baignoire, puis court dans la rue nu comme un asticot en criant: «*Eurêka, Eurêka.** »

Et modeste, avec ça. À la demande de son roi, Denys

* J'ai trouvé! J'ai trouvé!

de Syracuse, il invente des dizaines d'engins de guerre plus astucieux les uns que les autres, dont il ne garde aucun plan et ne tire aucune gloire tant il est persuadé que ces inventions ne sont que bagatelles comparées à ses traités de mathématiques.

C'est grâce à lui que les habitants de Syracuse résistent aussi longtemps aux assauts répétés des Romains qui assiègent la ville durant trois longues années. Le jour où les Syracusains relâchent leur vigilance, les ennemis en profitent pour escalader une muraille laissée sans surveillance, pénétrer dans la cité et la piller.

Devinez ce que fait Archimède alors que sa ville est à feu et à sang? Il est tranquillement chez lui, occupé à ses chères études de géométrie. À l'aide de son bâton, il trace des figures sur le sol lorsqu'un légionnaire romain, glaive au poing, force sa porte. Archimède, sans même lever la tête, houspille l'intrus, lui crie de revenir plus tard, qu'à cet instant il est occupé et n'a pas vraiment de temps à lui consacrer. Le soldat, susceptible ou pressé de piller, on ne sait, prend assez mal la chose et le transperce de son glaive.

Sophie est stupéfaite par ce qu'elle est en train de lire. Elle a imaginé sans difficulté la ville assiégée et les hordes de soldats romains qui déferlent pour tuer et piller. Paris est à deux doigts de subir les mêmes tourments. Mais l'attitude d'Archimède la sidère. Comment le géomètre parvient-il à s'extraire du chaos ambiant? Qu'est-ce donc que ces mathématiques qui éveillent chez lui un intérêt si puissant qu'il en oublie tout le reste ?

Elle doit absolument en savoir plus.

Un légionnaire à Paris

Le soir de ce 13 juillet, date à marquer d'une pierre blanche dans la vie de Sophie, on tambourine à la porte du Cabas d'or. Depuis la fenêtre, Mme Germain et ses filles sondent l'obscurité. C'est un groupe d'hommes hérissé d'armes qui appelle le peuple de Paris à se mobiliser. Elles les entendent crier des consignes depuis la rue.

Personne ne doit aller se coucher. Il faut veiller, se tenir en alerte ! Garnir ses fenêtres de lampions, de chandelles, de lanternes, de tout ce qui permettra d'éclairer la rue comme en plein jour. Tout le monde doit s'y mettre. Même les enfants, même les vieillards. Qu'ils se munissent d'objets, d'ustensiles, de n'importe quoi pouvant servir de projectiles en cas d'attaque. Quant aux adultes, ils peuvent aider à dépaver les rues, à installer des barricades…

C'est alors que Sophie le voit. L'homme braille avec les autres. Il est coiffé d'un curieux casque en laiton, il est flanqué d'un bouclier zébré d'éclairs dorés et, lorsqu'il se retourne, elle aperçoit un glaive briller à sa ceinture. Elle frémit. Il ne lui manque plus que la jupette et la cuirasse à épaulettes pour qu'on ait envie de saluer l'homme casqué d'un vibrant *«Ave centurion !»*

Que fait un légionnaire romain dans les rues de Paris ?

Vous voilà aussi surpris que Sophie. Sachez que, dans leur quête effrénée d'armes en tout genre, quelques Parisiens ont eu l'idée folle de piller les théâtres de la ville. Ils ont pioché dans les accessoires en carton-pâte, prélevé des boucliers romains, des glaives en bois qu'ils se sont entraînés à brandir d'un air féroce. Le même air que devaient afficher les soldats romains lors de la prise de Syracuse.

Que Sophie Germain, ce soir-là, ait pu croiser un faux légionnaire romain, avouez que l'idée est plaisante... Comment ne pas y voir un signe du destin ? Un clin d'œil d'Archimède depuis le paradis des mathématiciens ?

Une sacrée prise !

Vous connaissez la suite. Le lendemain, 14 juillet 1789, rebelote. Les Parisiens retournent aux Invalides, bien décidés à en forcer les portes. Cette fois, c'est la bonne. Ils raflent près de 40 000 fusils ainsi que douze pièces d'artillerie. Un joli butin, dont ils ne peuvent rien faire sans poudre ni munitions. Le bruit court alors qu'on vient d'en entreposer à la Bastille. Ils y vont. Là-bas, le marquis de Launay, gouverneur de la forteresse, refuse d'abaisser le pont-levis et de satisfaire les quémandeurs. Grave erreur. Son refus de leur remettre les barils est l'étincelle qui va mettre le feu aux poudres ! La prise de la Bastille se fait dans la violence et le sang. 98 morts, 60 blessés, 13 mutilés du côté des assaillants ; un seul mort du côté des assiégés. Ce dernier l'a un peu cherché, c'est le fameux de Launay dont on promène la tête échevelée et sanglante au bout d'une fourche, rue Saint-Denis, juste sous le nez de Sophie Germain.

Ses voisins sont à leurs fenêtres, certains ont grimpé jusqu'au faîte des toits, pour acclamer les vainqueurs de la Bastille. Joyeux, heureux, les Parisiens insurgés avancent en procession tumultueuse derrière une pancarte où se détache en lettres victorieuses : « La Bastille est prise ! » Preuves ou trophées, quelques-uns brandissent les grosses clés de la forteresse, comme pour se convaincre eux-mêmes de ce qu'ils viennent d'accomplir.

Mais la liesse est loin d'être générale, les Parisiens toujours en colère ont encore des comptes à régler, notamment avec le prévôt des marchands de Paris*, retranché à l'Hôtel de Ville. Flesselles les a menés en bateau en leur promettant des armes qui ne sont jamais arrivées. Et devinez qui assiste à la scène quand les manifestants viennent chercher le prévôt ? Ambroise Germain ! Le père de Sophie

* Le prévôt des marchands de Paris était le maire de l'époque.

est en réunion de crise depuis deux jours à l'Hôtel de Ville avec les autres membres du comité permanent. Le soir même, il racontera à sa fille qu'il a vu, de ses yeux vu, Flesselles se prendre une balle dans la tête, laquelle s'est retrouvée quelques minutes plus tard fichée au bout d'une pique.

Comment va réagir le roi ?

Il cède sur tout.

Le 15 juillet, Louis XVI ordonne à ses bataillons étrangers de s'éloigner de la capitale.

Le 17 juillet, le roi accepte de se rendre à Paris. Les députés du tiers état, dont le père de Sophie, l'accompagnent jusqu'à l'Hôtel de Ville sous les vivats de la foule, décidément peu rancunière. Le monarque consent à porter la cocarde bleu blanc rouge et bredouille quelques mots, assurant que l'on pourra toujours compter sur son amour…

Victoire totale !

Tout semble rentré dans l'ordre.

Vraiment ?

Du haut de ses treize ans, Sophie Germain ne partage pas l'avis général. Elle confiera plus tard que la détermination et la colère du peuple parisien l'ont vivement impressionnée, au point qu'elle pressent à cet instant que rien n'est terminé, mais que tout commence. Il y aura d'autres soubresauts, d'autres moments d'exaltation, d'autres flambées, elle en est sûre.

Mais elle sait maintenant comment s'en protéger…

58.
30.
141.
129. a b ∂ c g p t
49.
129. a b ∂ c f g p t
128.
3. g p
3. g p q
58.
141.
49.
129. a b ∂ c f g p t
30.
49.
129. a b ∂ c g p t
141.
3. g p q
58.
49.
128.
49.
129. a b ∂ c f g p t
58.

L'esprit n'a point de sexe.
François Poullain de La Barre,
De l'égalité des deux sexes.
De l'éducation des dames. De l'excellence des hommes.

Obstination

Hiver 1789

Les yeux grands ouverts dans le noir, Sophie sonde le silence. Elle prend une profonde inspiration, repousse les couvertures d'un geste brusque, et jaillit du lit tel un petit diable en chemise de nuit. Elle se fige aussitôt, mordue par le froid. Vite, il faut bouger avant que l'étau ne se resserre. Dans le noir, elle tire ses draps, ses couvertures, et s'y emmitoufle comme elle peut. Mais que faire de ses mains et de ses pieds qu'il lui est impossible d'emmailloter ? Ils vont picoter, geler, tomber et se briser en mille morceaux avec ce genre de température en dessous de zéro. Elle trottine vers la cachette et en extrait à tâtons tout son fourbi. Des bouts de chandelle qu'elle a mis de côté dans la journée, un briquet d'amadou, une plume d'oie, un canif pour la tailler, du papier, et son trésor le plus précieux, son manuel de mathématiques.

Lorsqu'elle s'installe à sa table de travail, Sophie commence déjà à claquer des dents. Elle allume tant bien que mal un premier trognon de cire et peste en découvrant la mince pellicule de glace qui fige l'encre de son écritoire. Elle la tapote de la pointe de la plume et pousse un soupir. La nuit promet d'être sacrément longue… Sophie ouvre son manuel, respire profondément avant de se plonger dans l'exercice qu'elle avait laissé en plan.

Et, comme par miracle, elle ne sent plus le froid.

Elle travaille dans ces conditions extrêmes depuis que ses parents lui ont confisqué ses vêtements ainsi que le feu dans la cheminée pour l'empêcher de se relever la nuit et d'étudier. À la voir ainsi grelotter, on serait bien tenté de les dénoncer pour mauvais traitements auprès des services sociaux ? Mais figurez-vous que M. et Mme Germain sont persuadés qu'ils agissent ainsi pour le bien de leur fille. Si, si… Car ils se font du souci pour Sophie.

Le père ne s'est nullement méfié lorsque sa cadette lui a demandé un livre de mathématiques. Il est allé chercher son vieux « Bézout », qui s'intitule en réalité *Cours complet de mathématiques à l'usage de la marine et de l'artillerie.* Il s'agit, à l'origine, d'une commande du ministère de la Marine passée en 1768 au mathématicien Étienne Bézout, qui, heureusement pour ses lecteurs, a le goût de l'enseignement. C'est donc en pédagogue qu'il a réfléchi à la meilleure manière de présenter les mathématiques à des élèves qui n'y comprennent que pouic. Bézout a fait si bien que son manuel – en cinq volumes tout de même – est devenu un énorme succès de librairie, dépassant largement le cercle des apprentis artilleurs. Voilà pourquoi, trente ans plus tard, on le trouve encore dans la bibliothèque si bien fournie d'Ambroise Germain, dont il faut saluer au passage l'ouverture d'esprit. Le père de Sophie est un homme des Lumières pour qui tout est bon à savoir, la littérature, la philosophie, mais aussi les mathématiques.

Se doute-t-il qu'en confiant un Bézout à sa fille il a fait entrer le loup dans la bergerie ?

Sophie s'est jetée dessus comme la misère sur le pain, avec une immense curiosité et un peu de fébrilité. C'est l'instant de vérité pour elle. Allait-elle y comprendre quelque chose, elle qui en sait si peu ?

À quoi bon éduquer les filles ?

Si l'on ignore quelle éducation a reçue Sophie dans son enfance, on est certain qu'elle ne pesait pas bien lourd…

Il se peut que sa mère lui ait appris à lire, à écrire et à compter. Soit le strict minimum.

Il est possible aussi que Sophie ait fréquenté l'une de ces petites écoles que l'évêché de Paris réserve aux filles de la bourgeoisie. Les écolières y restent deux à trois ans, jamais plus. Dès qu'elles savent lire, à peine écrire, connaissent une ou deux opérations de calcul ainsi que leur catéchisme sur le bout des doigts, on les pousse gentiment vers la sortie. Il est hors de question d'en faire plus tard des femmes savantes. Alors, leur donner des cours de sciences, n'y pensez pas ! Ce serait vain et inutile dans leur cas, ces cours ne serviraient qu'à leur faire « enfler l'esprit », un esprit qu'elles ont très limité, d'ailleurs. Tout cela est fort joliment expliqué dans les traités pédagogiques de l'époque.

Comprenez maintenant l'inquiétude de Sophie lorsqu'elle ouvre son premier traité de mathématiques. Avec de pareils préjugés, elle a vraiment de quoi douter de ses propres capacités. Elle a tort. Car elle réussit haut la main les premiers exercices du manuel et s'en trouve pleinement rassurée. Elle ne sait pas encore que Bézout utilise une technique de Sioux pour faire progresser ses élèves. Il les fait avancer pas à pas, monter marche après marche, et leur trace un chemin en pente douce qui se révèle bien vite très escarpé jusqu'au sommet. Mais chut ! Ce n'est pas le moment de la décourager…

À partir de ce jour, il devient impossible de croiser Sophie sans son manuel. Elle a établi un programme d'études et elle s'y tient. Tel jour, telle leçon, telle série d'exercices, rien ne peut l'en faire dévier. Dès qu'elle a un moment de libre, la plus petite fenêtre de tir, elle travaille ses maths. Et quand elle a l'air occupée à autre chose, il ne faut pas s'y tromper, vous pouvez être sûr qu'elle ressasse un problème…

Elle marmonne des séries de chiffres au moment des repas, elle trace des figures sur la nappe du bout des doigts, et quand elle ouvre la bouche, c'est souvent pour poser le genre de colles qui énervent tout le monde à table. La dernière en date : une montre marque midi. Combien de fois les aiguilles des heures et des minutes se croiseront-elles jusqu'à minuit ? Et à quelle heure chaque rencontre aura-t-elle lieu ? Tic-tac, tic-tac. Vous avez un quart d'heure et la solution dans le Bézout.

Ses parents finissent par s'inquiéter. Ce qu'ils ont pris pour de la simple curiosité de sa part a viré à l'obsession. Ils tentent alors de la dissuader avec une série d'arguments d'une logique implacable et d'une totale mauvaise foi.

Argument n° 1 : l'abus de mathématiques est dangereux pour la santé

Les filles ont un cerveau bien trop fragile, des nerfs

trop sensibles pour étudier un sujet si difficile. Sophie risque de s'étioler, de s'affaiblir, de perdre ses forces, sa santé, si elle continue ainsi.

Argument n° 2: une fille qui calcule attire bien plus les cancans que les prétendants

Et puis, que vont penser les gens? Sophie va passer pour une fille bizarre, une demoiselle à part. Aucun mari ne voudra d'elle. Est-ce trop lui demander de faire un petit effort? De prendre exemple sur ses sœurs? Broder, lire, dessiner? Les activités d'une fille... normale, quoi!

Argument n° 3: Jean-Jacques a dit...

Le philosophe Jean-Jacques Rousseau, une gloire, un «expert» sur le sujet, a déclaré dans son *Émile* que l'éducation des filles n'a qu'un seul objectif qui vaille, le bien-être des hommes: *«Leur plaire, leur être utiles, se faire aimer et honorer d'eux, [...] leur rendre la vie agréable et douce: voilà les devoirs des femmes dans tous les temps, et ce qu'on doit leur apprendre dès l'enfance.»* Et nul besoin de mathématiques pour cela.

Argument n° 4: les mathématiciennes se comptent sur les doigts d'une main

Dans l'*Histoire des mathématiques* que Sophie a lue en

entier, est-ce que Montucla parle de femmes mathématiciennes ?

Non ?

Alors…

Pour le coup, Sophie doit en convenir : elle a beau chercher, Montucla ne cite que quatre femmes dans son ouvrage de 1 200 pages. Et encore, on ne peut pas dire qu'il s'étende beaucoup sur le sujet. Au détour d'une phrase, il mentionne une Grecque, une certaine Hypatia dite « la savante ». Et, dans le chapitre consacré à l'école de Pythagore, il évoque « trois élèves femmes » sans donner plus de précisions*. Avouez que ces chiffres sont très décourageants. Pas pour Sophie, cependant, qui retourne l'argument comme un gant. Elle déclare à ses parents que, justement, si chaque fois qu'une fille s'intéresse aux maths on lui rétorque pour la dissuader qu'il n'y a pas de femmes mathématiciennes, il est évident que leur nombre ne risque pas d'augmenter…

On imagine que les parents l'ont regardée, un peu interloqués. Est-ce bien Sophie, d'ordinaire si calme et si obéissante, qui leur tient tête ainsi ? Les mathématiques

* L'une d'entre elles deviendra l'épouse de Pythagore et, plus tard, à la mort de son mari, reprendra les rênes de l'école. On se demande si elle n'aurait pas découvert quelques théorèmes, mais cela, Montucla ne le dit pas.

rendraient-elles les jeunes filles insolentes, en plus de tout le reste ? Ils vont vite découvrir qu'elles leur donnent aussi des forces insoupçonnées…

Sans doute que l'échange ne s'est pas arrêté là,

Sûrement qu'il est allé de mal en pis,

Sophie a été interdite de mathématiques.

Elle a persisté, s'est relevée la nuit.

On lui a confisqué ses chandelles et ses habits.

Elle s'est obstinée.

Comme l'hiver était dur, on l'a privée d'un bon feu dans la cheminée. Avec un froid pareil, comment pourrait-elle glisser un orteil hors du lit ?

Évidemment, on s'est trompé.

Le matin où sa mère la découvre écroulée de fatigue sur sa table de travail, les paupières closes, la tête posée à côté de l'encrier gelé, elle prend peur. Sophie est donc prête à mourir de froid plutôt que de renoncer à l'étude des mathématiques ?

Ce jour-là, M. et Mme Germain préfèrent céder face à la détermination de leur fille. Désormais, elle pourra étudier ses mathématiques librement, non seulement avec l'autorisation parentale, mais très vite avec leur soutien total.

Une révolution pour tou·te·s ? Allons donc !

Pendant que Sophie fait sa petite révolution à la maison, la grande, la Révolution de vos livres d'histoire, est en marche, bousculant tout sur son passage. On peine à imaginer le chamboulement que vit la société française en un si court laps de temps.

La monarchie qu'on disait absolue ? Balayée.

La noblesse, le clergé et le tiers état, ces trois ordres vieux comme la France ? Pulvérisés.

Les culottes en soie, les bas bleus, les perruques poudrées ? Au panier.

Les privilèges des puissants ? Abolis.

Le royaume de France ? C'est en république que l'on vit désormais.

Les églises ? Fermées, détruites, transformées en lieux de stockage ou en salles des fêtes.

Le Père, le Fils et le Saint-Esprit ? Détrônés par « la Nation, la Liberté et la Raison ».

La société paraît sens dessus dessous, pourtant, tout bien considéré et malgré les avancées, les révolutionnaires ne sont pas allés jusqu'au bout.

Les femmes, qui représentent plus de la moitié de la population française, n'ont toujours pas obtenu le droit de vote, ni le droit à une éducation digne de ce nom.

Les députés ont usé d'un argument cocasse pour leur refuser de participer aux élections. Selon eux, les femmes manqueraient d'instruction ! *(Ben justement…)*, elles risqueraient d'utiliser leur bulletin de vote en dépit du bon sens ! *(Ben voyons !)*

Et pourtant elles l'ont faite, cette révolution.

Les 5 et 6 octobre, les femmes du quartier des Halles et de la rue Saint-Denis marchent jusqu'à Versailles et forcent le roi à rentrer à Paris*. Cela vaut largement la prise de la Bastille.

En bonnes patriotes, elles assistent aux séances de l'Assemblée, participent aux fêtes civiques, créent des clubs, des sociétés patriotiques, écrivent des libelles, des articles, des pièces de théâtre. Olympe de Gouges rédige une déclaration des droits de la femme. Certaines d'entre elles prennent les armes, portent le pantalon et veulent s'enrôler dans l'armée.

L'activité politique, bien sûr, ne doit pas les empêcher une fois à la maison d'accomplir leurs tâches quotidiennes. Les mères de famille gèrent le foyer, trouvent chaque jour de quoi manger… Un vrai casse-tête, d'ailleurs. À Paris, elles passent des heures à faire la queue devant les boulangeries, les boucheries, à se mettre en quatre pour dénicher

* Ce qui fera dire à l'historien Michelet ce joli mot : « Les hommes ont pris la Bastille, les femmes ont pris le roi. »

le repas qu'elles ont pour mission de poser chaque soir sur la table devant la marmaille affamée.

Et rebelote le lendemain, et chaque jour que compte le nouveau calendrier républicain.

Ça oui! La Révolution a raté une belle occasion d'accorder à toutes ces femmes les mêmes droits politiques qu'aux hommes. C'était pourtant le moment ou jamais.

Vous vous demandez si ces bouleversements en série empêchent Sophie Germain d'étudier. C'est tout le contraire. Cette fille de la Révolution progresse à pas de géante selon un principe simple: plus le tumulte extérieur est grand, plus elle travaille avec acharnement. Et comme les journées sont rarement calmes…

Et puis, en ces temps agités, y a-t-il une activité scientifique plus réconfortante que les mathématiques? En quoi consiste leur pratique sinon à mettre la nature en équations, à trouver un sens, un schéma logique en toute chose? Sophie éprouve un grand apaisement à ordonner le monde alors qu'autour d'elle tout est chaos. Elle le fait avec sérénité et confiance, car les mathématiques lui offrent de solides garanties. Une fois démontrés, les théorèmes et les formules mathématiques marchent à tous les coups et sont fiables à 100 % jusqu'à la nuit des temps. Aucune révolution ne peut rien y changer.

Voilà qui redonne sacrément confiance.

Il est des moments pourtant où cette belle assurance vacille, des moments où Sophie doute que les mathématiques puissent mettre de l'ordre dans un monde devenu aussi fou que furieux. Comme lors de ce sinistre mois de septembre 1792.

La France est alors attaquée par ses puissants voisins européens. Elle est en mauvaise posture. Tandis que les armées étrangères foncent sur Paris, une rumeur se répand comme le fiel. Des espions se cacheraient parmi les détenus de la capitale. Il suffit d'une étincelle, et les Parisiens très à cran prennent d'assaut les prisons et assassinent plus de 1 600 personnes en quelques jours*.

Sophie suit les événements de près, de trop près sans doute. Elle ne peut échapper aux cris des prisonniers du Châtelet que l'on exécute à cent mètres de chez elle, ni aux têtes promenées au bout de piques qui dansent devant sa fenêtre. Après ces massacres de septembre, Sophie ne trouve plus aucun réconfort dans son Bézout. Elle a beau se replonger dans les chapitres les plus difficiles, refaire des exercices de haute volée, le cœur n'y est plus. Et la raison non plus.

* Des monarchistes, des prêtres réfractaires, des nobles, des agioteurs qui spéculaient sur les matières premières, la princesse de Lamballe… tous furent passés au fil de l'épée, sans distinction.

Quand un remède devient inefficace, que fait-on ? On change de médicament et on augmente la dose. Et c'est exactement la prescription que s'applique Sophie.

Elle se procure un ouvrage du mathématicien Cousin dont le seul titre ferait fuir toute jeune personne normalement constituée ; il s'agit des *Leçons de calcul différentiel et de calcul intégral,* dont le niveau est beaucoup plus élevé que tout ce qu'elle a étudié jusqu'alors. Comme si elle sautait trois classes d'un coup et qu'on lui enseignait les mathématiques dans une langue étrangère. C'est exactement ce qu'il lui faut. Les leçons de Cousin vont l'accaparer pendant deux bonnes années et l'aider à traverser toute la période révolutionnaire qu'on appelle fort à propos *« la Terreur ».*

La rue Saint-Denis sous la Terreur

Nous sommes en 1794, Sophie a dix-huit ans et n'est plus vraiment une enfant. Et pourtant… Comme toutes les jeunes femmes de son âge et de sa condition sociale, elle ne peut sortir sans être accompagnée. C'est pourquoi elle demande régulièrement à son père de la conduire chez Régent et Bernard, la librairie parisienne spécialisée dans les sciences et les mathématiques qu'elle fréquente assidûment. Il ne se fait pas prier. Ambroise Germain est devenu le soutien principal de sa fille et sans doute son plus grand admirateur. Surtout, il est libre comme l'air depuis qu'il s'est retiré de la politique. Après avoir été député de la Constituante, il a préféré ne pas briguer de nouveau mandat. Peut-être s'est-il douté qu'il venait de vivre les plus belles heures de la Révolution ? Tous les événements dont parlent vos livres d'histoire, les états généraux, le serment du Jeu de paume, la Déclaration des droits de l'homme, l'Abolition des privilèges… Il y était !

Cette époque exaltante est définitivement révolue.

Les députés girondins et montagnards ne sont plus d'accord sur rien et s'entre-déchirent. À l'extérieur, la France est toujours en guerre avec les royaumes voisins, à l'intérieur, la Vendée s'est soulevée et de grandes villes se sont révoltées. La Révolution est attaquée de toute part. Il faut réagir vite et fort. Les Montagnards, menés par l'intransigeant Robespierre, créent un Comité de salut public doté de pouvoirs exceptionnels. Dorénavant, tous ceux qui se montreront trop frileux à défendre la République seront envoyés à la guillotine. Résultat : tout le monde a peur ! Chacun prend soin d'afficher en public son haut degré de patriotisme.

Avant de sortir, Sophie vérifie, comme toujours, que la cocarde tricolore épinglée sur son corsage est bien visible et que sa tenue du jour associe les couleurs incontournables par les temps qui courent, un peu de bleu, beaucoup de blanc, et une pointe de rouge. Surtout pas de **noir**, qui est la couleur des monarchistes, plongés dans le deuil depuis la mort de leur roi Louis XVI. Certaines dames vont beaucoup plus loin dans la coquetterie et la provocation. Pour faire la nique à la mort, elles portent des boucles d'oreilles en forme de guillotine et se nouent un ruban rouge autour du cou – « à la victime », on appelle ça.

La Terreur a déteint sur les tenues vestimentaires mais aussi sur le quartier. Lorsqu'ils referment derrière eux la porte du Cabas d'or, Sophie et son père ne reconnaissent plus leur petit bout de rue Saint-Denis, d'ailleurs elle ne s'appelle plus ainsi, elle a été rebaptisée rue Franciade. Les cloches se sont tues, certaines à jamais puisqu'on les a fondues pour les recycler. L'église Sainte-Opportune, où Sophie a été baptisée, où ses parents se sont mariés et qui a toujours veillé sur leur immeuble, a été démolie pierre par pierre. Même les enseignes des magasins ont changé, tout ce qui faisait référence à un saint ou au roi a été remplacé.

Et puis le quartier d'ordinaire si animé est aujourd'hui d'un calme presque inquiétant. Les voisins s'évitent, les passants rasent les murs. Même s'ils n'ont rien à se reprocher, le père et la fille ne peuvent s'empêcher de presser le pas. On risque d'être dénoncé pour n'importe quoi.

Ils ralentissent près de la prison du Châtelet, dont la

masse sombre bouche l'horizon, et reniflent l'air vicié en vieux habitués. Il y a des choses qui ne changent pas, comme l'odeur épouvantable qui monte des étals de la Grande Boucherie ! Ils évitent en experts les rigoles de sang qui courent entre les pavés, passent le porche du Châtelet et débouchent sur le pont au Change. Premier arrêt. Sophie scrute avec un peu d'appréhension la suite du trajet. Elle craint de croiser une charrette de condamnés à mort en provenance de la Conciergerie. Car c'est ici qu'ils franchissent la Seine avant de rejoindre la place du Trône-Renversé, actuelle place de la Nation, où l'on vient d'installer la guillotine. Le *rasoir national*, comme on l'appelle aussi, est l'œuvre du docteur Guillotin. Cet ancien collègue d'Ambroise Germain, député de Paris et du tiers état comme lui, en a conçu les plans. Peut-être même est-il venu une ou deux fois au Cabas d'or présenter son idée et montrer quelques croquis ? Sophie a sans doute assisté à des discussions animées sur l'aspect humanitaire d'un tel engin, qui ne laisse sentir *qu'une légère fraîcheur sur le cou*, tranche net et précis toutes les têtes, sans faire de différence entre le pauvre et le nanti. Et quelle facilité d'emploi ! Guillotin était loin d'imaginer que la Révolution ferait un si grand usage de son invention.

Mais ce n'est pas le cas aujourd'hui. La voie est libre, sans convoi, ni condamnés, ni troupes armées. Il n'empêche. Arrivés quai des Augustins, au numéro 21, c'est presque avec soulagement que le père et la fille poussent la porte de la librairie Régent et Bernard.

Immédiatement, Sophie se détend en retrouvant son petit coin de paradis. L'odeur du papier et du cuir mêlés, les rayons bourrés de livres scientifiques qui montent jusqu'au plafond, le parquet qui craque, et le comptoir en bois blond derrière lequel M. Bernard l'accueille d'un sourire, tout la ravit.

Lors de leur première visite, le libraire a pensé que c'était la fille qui accompagnait le père. Elle l'a détrompé lorsqu'elle lui a posé quelques questions qu'il a jugées fort pertinentes pour une fille de son âge. Plus tard, il a été ébahi d'apprendre qu'elle était venue à bout du Bézout. Cinq livres bourrés d'exercices, tout de même ! De mémoire de libraire, rares étaient ses clients qui en avaient fait de même.

Puis il lui a montré les grands classiques des mathématiques, les traités révolutionnaires de Newton, ceux de Leibniz, et même les ouvrages les plus récents, comme les livres du génial Euler. Sophie a découvert, presque étonnée, qu'ils étaient écrits en… latin ! Dès le lendemain, elle se mettait à l'apprentissage de la langue commune à tous les mathématiciens européens. Sans l'aide d'un professeur, évidemment…

Sale temps pour les savants

À deux occasions, elle est venue spontanément se réfugier dans la librairie, après l'annonce de tristes nouvelles.

Le 29 mars 1794, ou 9 germinal de l'an II selon le calendrier républicain, Condorcet, brillant mathématicien et pour son malheur député girondin, est retrouvé mort dans sa cellule de prison. Il s'opposait à toute forme de violence, croyait en la force de la raison et a été l'un des rares députés de la Révolution à proposer que les femmes reçoivent une éducation égale à celle des hommes.

Le 8 mai 1794, ou 19 floréal de l'an II, Lavoisier, le père de la chimie moderne, est guillotiné en place publique. Non parce qu'il est savant, mais parce qu'il est fermier général, et prétendu comploteur et traître à la Patrie. Ce qui est faux.

Alors qu'il vient d'être condamné à mort, il demande au tribunal de lui laisser quelques jours pour terminer une expérience en cours. On lui répond que la République n'a pas besoin de savants, ni de chimistes, et que le cours de la justice ne peut être suspendu.

Le lendemain de l'exécution, son ami et confrère le mathématicien Lagrange (retenez bien ce nom) déclare : « Il ne leur a fallu qu'un moment pour faire tomber cette tête et cent années, peut-être, ne suffiront pas pour en reproduire une semblable.»

Après cela, vous devez penser que la Révolution a fait peu de cas de ses savants.

Pas si simple… Car ce qu'elle a pris d'un côté, elle l'a rendu de l'autre.

Comme la France a besoin de ponts, de routes, de bâtiments publics, et d'ingénieurs de toute sorte, on décide de créer une école centrale de travaux publics, qui remplacera toutes les écoles d'ingénierie existantes. Elle sera ouverte aux élèves les plus méritants, quelles que soient leur condition sociale et leur région d'origine. Ce doit être un enseignement d'excellence offert à tous.

Voici un extrait du décret qui annonce la création de l'École polytechnique:

Art. II. Il ne sera admis en qualité d'élèves que des jeunes gens qui auront justifié de leur bonne conduite, ainsi que de leur attachement aux principes républicains, et qui auront prouvé leur intelligence en subissant un examen sur l'arithmétique et sur les éléments d'algèbre et de géométrie.

Vous pensez, n'est-ce pas, que cette école est faite pour Sophie Germain? Et que cette passionnée de mathématiques présente toutes les qualités requises pour être sélectionnée ? Vous oubliez un détail de taille : les « jeunes gens » évoqués dans le décret sont uniquement des garçons. Et c'est tellement évident à l'époque que le législateur ne s'est même pas donné la peine de le préciser.

Ce n'est pas la connaissance, mais l'apprentissage, pas la possession, mais ce qui y mène qui donne le plus grand plaisir.
Carl Friedrich Gauss

Dissimulation

Première de cordée

Il fallait bien que cela arrive un jour. En 1972, Polytechnique finit par autoriser les femmes à passer le concours d'entrée de sa vénérable école, près de deux siècles après sa création. Personne ne les pensait capables de réussir, pourtant elles sont huit candidates à figurer sur la liste d'admission ; l'une d'entre elles, Anne Chopinet, est même arrivée première à l'épreuve de mathématiques, discipline reine à Polytechnique. Elle devient par conséquent major du concours d'entrée, surpassant tous les autres concurrents. Cette réussite éclatante lui vaut les honneurs de la presse, une interview dans le JT de 20 heures, et des questions aussi surprenantes qu'affligeantes*.

Voici la transcription d'un extrait de l'interview donnée au journal télévisé. La jeune Anne Chopinet, tout sourire, un brin timide, est interviewée par le journaliste Jean-Paul Sautet.

Jean-Paul Sautet: Est-ce que jusqu'à présent vous avez passé votre vie derrière un pupitre de l'école et chez vous derrière un bureau de travail pour en arriver là ? Ou bien, au contraire, vous avez vécu comme tout le monde ?

Anne Chopinet: Ben, oui, je crois quand même que j'ai vécu comme tout le monde. *(sourire un peu gêné)*

J.-P. Sautet: Avez-vous l'impression d'être une jeune fille comme les autres ?

A. Chopinet: Bien sûr…

J.-P. Sautet (la coupe et poursuit son idée)… Qui fait la pige aux garçons, qui les surpasse accidentellement… *(Il*

* L'interview est à visionner sur le site de l'INA https://www.ina.fr/video/CAF88043889.

sous-entend ainsi qu'elle est arrivée première au classement grâce à la chance.) Ça ne vous gêne pas, ça ? Ça ne vous trouble pas ? Vous n'êtes pas inquiète pour l'avenir ? **Vous n'avez pas peur que l'on vous prenne pour un monstre et que l'on s'éloigne de vous ?**

A. Chopinet : Non, j'ai pas trop peur de ça encore... *(sourire crispé)*

J.-P. Sautet : Êtes-vous frivole ?

A. Chopinet : Frivole, c'est-à-dire ?

J.-P. Sautet : Est-ce que vous courez les magasins ? Est-ce que vous vous occupez un petit peu de vous ? Ça vous arrive de vous surprendre devant une glace ?

A. Chopinet : Bien sûr, oui.

J.-P. Sautet : La mode vous intéresse, éventuellement ?

A. Chopinet : Oui. *(le regard un peu perdu)*

J.-P. Sautet : Vous vous sentez une jeune fille dans le coup, vraiment ?

A. Chopinet (qui reprend pied) : Oui, bien sûr, je ne me

sens pas anormale parce que j'ai réussi le concours de Polytechnique !

Fin de l'extrait.

Voilà qui est édifiant, n'est-ce pas ? Des questions à côté de la plaque, des insinuations limites, comme si le journaliste mettait en doute la légitimité de cette brillante étudiante en mathématiques. Remplacez maintenant Anne Chopinet par Jean-Édouard Chopinus et relisez l'interview en imaginant que le journaliste demande à ce garçon s'il est frivole ou s'il s'intéresse à la mode. Effet bizarre garanti.

Sachez que Polytechnique s'attendait si peu à recevoir des filles dès la première année que rien n'était prêt pour les accueillir. Pas de dortoir à part, pas de tenue adaptée. Et, pour ne rien arranger, c'est une fille, Anne Chopinet, qui se retrouvait à porter l'étendard de Polytechnique au défilé du 14 Juillet en tant que major de promotion ! On fit tout pour la dissuader sous prétexte qu'elle manquerait de force physique pour accomplir cette « lourde tâche ». Anne Chopinet refusa de s'effacer et s'entraîna encore et encore. Avec succès. Elle mérite d'être célébrée comme il se doit pour avoir franchi avec éclat les portes de cette école réservée aux garçons. Sans contestation possible.

Pourtant, dans les faits, elle n'est pas la première. En son temps, Sophie Germain a suivi, elle aussi, les cours de Polytechnique. Par quel tour de passe-passe, me direz-vous, puisque l'école était interdite aux filles ?

Il est temps de vous présenter un certain Antoine Augustin Le Blanc.

Un élève dans la moyenne

C'est le genre de garçon que l'on ne remarque pas, sur lequel le regard glisse et ne s'arrête pas. À lire sa fiche d'identité conservée à Polytechnique, Le Blanc présente un physique aussi banal que son patronyme. C'est un petit brun de taille moyenne, au menton rond, au visage plein et au nez ordinaire. Allez le distinguer avec ça.

Il est né à Paris, un an avant Sophie, dans une famille de magistrats domiciliée rue des Marais dans le faubourg Saint-Germain. Comme tous les fils de notables, Antoine Augustin est programmé pour mener des études supérieures. Or c'est un élève plutôt moyen qui passe son temps à dessiner dans ses cahiers plutôt qu'à faire ses exercices. Qu'à cela ne tienne ! Comme le garçon semble avoir un bon coup de crayon, ses parents décident qu'il entrera à l'école d'ingénieurs des Ponts et Chaussées. Évidemment, ils vont tout faire pour le soutenir à bout de bras dans cette voie difficile et commencent par l'inscrire à des cours privés de mathématiques, d'architecture et de dessin. Bientôt, Antoine Augustin a de quoi constituer un solide dossier de candidature pour se présenter à l'école, très sélective. Mais il faut croire que les leçons particulières et l'entregent de M. Le Blanc ne suffisent pas : le candidat Le Blanc est admis… mais à demi. Il est sur liste d'attente. Et l'attente, pour un élève surnuméraire des Ponts et Chaussées, peut durer longtemps – des mois, voire des années – avant qu'il puisse prendre la place d'un élève classé.

Aussi, lorsque Antoine Augustin apprend l'ouverture d'une nouvelle école centrale de travaux publics, il fonce. Il passe le concours d'entrée, là encore sans faire d'étincelles*, mais peu importe, puisqu'il est pris.

Il va vivre de l'intérieur les années héroïques de la création de Polytechnique, expérimenter des méthodes pédagogiques modernes et innovantes, se former auprès

* Qu'est-ce qui nous fait dire avec tant d'aplomb que le candidat Le Blanc n'a pas fait grosse impression lors du concours d'entrée ? En 1794, date de la création de Polytechnique, la direction a un problème d'effectifs. La République ne va pas attendre que les quelque 400 étudiants de la première promotion obtiennent leur diplôme au bout de trois longues années. C'est maintenant qu'elle a besoin d'ingénieurs et de professionnels compétents… Et puis, il faut bien que des étudiants quittent l'établissement pour faire de la place aux nouveaux admis que l'on accueille chaque année. Exceptionnellement, on décide alors de classer les élèves de cette première promotion en fonction de leurs résultats aux épreuves du concours d'entrée. Ils sont ensuite répartis selon leur niveau dans trois divisions. Il est prévu que les plus « forts » effectuent leur cursus en un an, les « moyens » en deux ans, les plus « faibles », ceux qui ont besoin de plus de temps pour tout assimiler, en trois ans. Or, on sait que A. A. Le Blanc a obtenu son diplôme de fin d'études en 1797, au bout de trois ans. Il faisait donc partie du groupe des plus faibles.

des plus grands scientifiques de l'époque et… rencontrer Sophie Germain.

Coup de foudre

À votre avis, y a-t-il endroit plus romantique qu'une librairie spécialisée dans les mathématiques pour se rencontrer ? Sophie Germain n'a jamais raconté ni où ni comment elle avait croisé Antoine Augustin dans ses jeunes années, mais en 1795, il y a fort à parier que les deux Parisiens fréquentaient la très réputée librairie Régent et Bernard, au 37, quai des Augustins.

C'est là, comme nous l'avons vu, que Sophie se fournit en livres et en excellents conseils, et c'est aussi là qu'Antoine Augustin, suivant les recommandations de Polytechnique, achète ses fournitures, ses manuels, ainsi que le journal de l'école vendu exclusivement dans la librairie.

Impatiente, comme toujours, de découvrir les dernières nouveautés, Sophie a sans doute foncé vers les livres disposés sur le comptoir central et, tout apprentie mathématicienne qu'elle est, n'a pas calculé le jeune homme brun qui feuillette d'un air accablé la *Mécanique analytique* de Lagrange à l'autre bout de la pièce. Lorsque M. Bernard glisse à l'oreille de sa cliente préférée qu'il s'agit d'un étudiant de Polytechnique, Sophie assiste à un phénomène étrange. Elle voit sous ses yeux ce garçon insignifiant se parer d'un éclat doré et scintiller de mille feux. Ni une ni deux, faisant fi de la réserve qui sied à une jeune fille, elle s'avance résolument vers Antoine Augustin. Le jeune homme lève le nez et considère un instant ce petit bout de femme à la chevelure lourde et bouclée qui se plante devant lui. À la voir ainsi, il est évident que la demoiselle n'a pas froid aux yeux, yeux qui sont gris et fort jolis, ma foi… Elle tient à le féliciter pour son entrée à Polytechnique et vient s'enquérir de cette nouvelle école dont on dit si grand bien mais dont on sait si peu de choses. À ces mots, le jeune homme avachi sur son livre se redresse, bombe le torse, se hausse du col et se dit prêt à répondre à toutes les questions. Comme la demoiselle en a une bonne dizaine, il finit par lui raconter l'amphithéâtre où se pressent chaque matin les quelque 400 élèves de sa promotion. Il y a beaucoup de Parisiens comme lui, mais aussi des Normands, des Lorrains, des Occitans à l'accent chantant. La France entière se côtoie sur ces bancs. Le plus jeune élève n'a pas encore treize ans, le plus vieux en a vingt-cinq bien sonnés et un bras en moins. Le pauvre garçon l'a perdu au combat lors de son passage aux armées. Chose impensable il y a encore quelques mois : on compte dans cette première fournée quelques ci-devant* nobles, qui ont obtenu – Dieu sait

* C'est ainsi que l'on appelait les anciens aristocrates qui avaient perdu leur titre au moment de la Révolution de 1789.

comment – une dérogation exceptionnelle afin de se présenter à l'examen d'entrée. Voyez comme la nouvelle école de la République a ratissé large pour remplir ses classes.

Pas au point de recruter des filles, doit penser Sophie.

Et les professeurs ?

Tous des savants. Monge, Fourcroy, Prony. On parle aussi du mathématicien Lagrange qui devrait arriver dans quelques semaines. Le top du top. La crème de la crème. Les premiers dans leur domaine. Les étudiants qui les voient défiler sur l'estrade ont déjà leur préféré. Il s'agit de Monge, savant émérite, passionné de géométrie descriptive et responsable de l'école. Il fait tout son cours sans consulter de notes et sans jamais rien écrire au tableau. Inutile ! Il fait voir, presque toucher du doigt, les objets géométriques en 3D par la seule force de ses mots, de ses gestes, de ses mains qui dessinent des figures dans l'air…

Sophie est transportée. Elle, qui n'a que ses livres en guise de professeurs et sa petite sœur Angélique pour tout camarade d'étude, découvre un monde dont elle n'a pas idée, un monde auquel elle ne peut avoir accès. L'envie d'être en amphi au milieu de tous ces étudiants la submerge si brutalement qu'elle est à deux doigts de défaillir.

Elle doit absolument en savoir plus.

Serait-il possible de revoir Antoine Augustin ? Samedi matin ? À l'adresse du Cabas d'or, rue Saint-Denis. Il pourrait ainsi lui parler du contenu des cours. Le garçon, vaguement intrigué par cette demoiselle férue de sciences, accepte.

S'il savait dans quoi il vient de s'embarquer…

Balade dans une forêt de nombres

C'est devenu un rituel. Chaque samedi matin, Antoine Augustin se rend chez les Germain. Sophie l'attend pleine d'impatience ; elle a fait préparer un rafraîchissement, vérifié et revérifié qu'on a bien acheté rue Vivienne des petits choux à la crème, cette nouvelle pâtisserie dont Antoine Augustin raffole. Elle a taillé les plumes d'oie, rempli les encriers, découpé des feuilles de papier. Elle se lève, va à la fenêtre, retourne s'asseoir, se relève aussitôt… Elle est prête, archiprête. Alors, qu'est-ce qu'il fabrique ? Lorsqu'il arrive enfin, son visage s'illumine.

À la voir ainsi, toute frémissante, vous vous demandez si Sophie n'en pincerait pas pour son visiteur du samedi ? N'allez pas tirer de conclusion trop hâtive.

Au début, Antoine Augustin lui-même s'y est laissé prendre.

Il a cru un temps que ces yeux brillants, cette attention vibrante lui étaient destinés. Il s'en est réjoui. Et puis il a compris. Sophie ne s'intéresse pas à lui, mais à ce qu'il lui raconte. Le compte rendu des cours de chimie de Fourcroy, les problèmes de physique, les expériences menées en labo, les cours de mathématiques, voilà ce qui l'enchante.

Alors il s'est dit qu'il pouvait l'épater avec ses connaissances toutes neuves, cette profusion de sciences dont les professeurs l'inondent chaque jour. Là encore, il a vite déchanté quand il s'est aperçu qu'elle en savait souvent dix fois plus que lui. Pire que cela, elle parvient à ingurgiter en un temps record les cours qu'il lui transmet et se jette avec une avidité suspecte sur tous les exercices, sans exception, même ceux qu'il a tant de peine à résoudre.

Finalement, Antoine Augustin a changé de stratégie. S'il veut se rapprocher de Sophie, il sait qu'il doit aller sur son terrain, la suivre pas à pas dans ses cheminements mathématiques.

Chaque samedi, ils sélectionnent ensemble un problème parmi les plus ardus qu'un professeur a posés dans la semaine.

L'étudiant s'installe aux côtés de Sophie avec une provision de petits choux. Il ne la quitte pas des yeux pendant qu'elle laisse sa plume courir sur le papier, empressée de le recouvrir de lignes d'équations et de calculs qu'elle gribouille fébrilement dans la marge. Lorsqu'il la suit ainsi, il a l'impression de l'accompagner en exploration dans une forêt profonde. Plus le problème est ardu, plus la végétation est touffue, plus Sophie paraît heureuse. Il la voit se frayer un chemin avec ardeur, prendre une voie, en essayer une autre, revenir sur ses pas, emprunter un nouveau sentier qu'elle n'avait pas remarqué au départ, faire une pause, tourner à droite, à gauche. À force de l'observer, le garçon s'est aperçu d'une chose étrange. Si le chemin emprunté semble les mener trop vite et trop directement à la solution, elle le quitte ! Elle choisit volontairement d'essayer un autre trajet, plus long, plus tortueux, plus compliqué, qui sollicite des outils mathématiques qu'elle a envie de tester. Et tant pis pour le temps que cela prendra.

La première fois qu'il l'a vue agir ainsi, Antoine Augustin a manqué s'étouffer avec son chou à la crème. Depuis, il s'est habitué. Aujourd'hui, il lui arrive de lui suggérer timidement une piste, de lui proposer une direction. Toujours elle l'écoute avec attention.

Ils avancent ensemble, d'un pas ferme et décidé, et finissent par déboucher dans une clairière baignée de lumière. Ils poussent alors un vibrant *« Eurêka ! »* Ils ont trouvé la solution et terminé leur démonstration. Sophie pose sa plume et se laisse tomber au fond de sa chaise. Un grand sourire lui barre le visage. Quelle randonnée !

Le temps de souffler et elle recopie tous les calculs au propre. Elle confie la feuille de papier à Antoine Augustin comme s'il s'agissait d'une carte au trésor. Il la plie en quatre et y inscrit son nom : « A. A. Le Blanc ».

Et un nouveau problème résolu à déposer dans le casier de Lagrange !

Un prêté pour un rendu

À Polytechnique, les élèves sont vivement encouragés à communiquer avec leurs professeurs par écrit. Souvent, il s'agit d'un commentaire, d'une question sur le cours, et dans le meilleur des cas de la résolution d'un exercice difficile. Le grand mathématicien Lagrange, chargé du cours d'analyse mathématique, a l'habitude de trouver dans son casier des dizaines de billets déposés par ses élèves. Il les lit un par un, les annote consciencieusement, pour les oublier aussitôt. Il n'y a pas grand-chose à tirer de ces commentaires prévisibles et de ces démonstrations mathématiques si laborieuses. À la décharge des étudiants, le savant n'est pas le meilleur des professeurs. Lagrange fait peu d'efforts pour s'adapter à leur niveau, il est tellement obnubilé par ses recherches qu'il en parle en cours comme s'il s'adressait à ses collègues académiciens. Étonnez-vous après cela que les étudiants perdent le fil et décrochent…

Pas tous, cependant.

L'un d'entre eux sort du lot. Un certain Le Blanc.

Après quelques semaines, Lagrange se surprend à guetter avec impatience les billets de l'étudiant A. A. Le Blanc. Il perçoit en lui un esprit singulier, audacieux, qui n'hésite pas à explorer des chemins de traverse pour arriver à la solution. Visiblement, ce Le Blanc a parfaitement compris l'intérêt des fonctions dérivées, des intégrales, du calcul infinitésimal, de tout ce qui est au cœur de l'analyse mathématique que Lagrange essaie de transmettre tant bien que mal à ses élèves de Polytechnique.

Un jour, le professeur décide de rencontrer cet étudiant si prometteur. À la fin du cours, il demande : « Élève Le Blanc ? Qui est M. Le Blanc ? Levez-vous s'il vous plaît. » Imaginez un instant la gêne d'Antoine Augustin quand le mathématicien le félicite pour ses excellents résultats. Et sa panique lorsqu'il lui propose de le rencontrer après les cours pour discuter de l'équation différentielle sur laquelle il vient de travailler.

Que feriez-vous à la place d'Antoine Augustin ?

L'étudiant peut garder le compliment pour lui, en profiter pour briller aux yeux de son professeur. Ce doit être tentant pour un élève moyen qui n'a jamais fait d'étincelles. Il peut aussi avouer la vérité, expliquer qu'il n'est pas le véritable auteur de cette démonstration, qu'il s'est fait aider par « quelqu'un ». Et ce quelqu'un n'a rien de quelconque, car c'est une « quelqu'une ». C'est elle qui mérite tous ces encouragements. Voilà qui est fort risqué, car l'étudiant peut très bien se faire renvoyer pour avoir triché.

On ignore si Antoine Augustin Le Blanc a longtemps hésité, mais il prend le parti de tout révéler. Il avoue que depuis des semaines il transmet les cours et les exercices à une jeune fille de vingt ans, passionnée de mathématiques. Lagrange est surpris, tellement qu'il ne songe pas à punir Le Blanc pour sa tromperie. Au contraire, il le félicite. Bien lui en a pris de partager les cours avec cette demoiselle puisqu'elle en a fait si bon usage.

Le professeur demande à rencontrer son étudiante fantôme.

Une petite souris à Polytechnique

Et c'est ainsi que Sophie Germain est entrée à Polytechnique.

C'est une façon de parler, évidemment. Sa présence dans les murs de l'école a duré le temps d'un rendez-vous avec Lagrange, même pas en tête à tête, puisqu'elle ne peut faire un pas au-dehors sans être accompagnée par Mme Germain, sa mère et son fidèle chaperon.

Pour se rendre à l'adresse indiquée, leur fiacre a sans

doute emprunté le tout nouveau pont de la Concorde, construit avec les pierres de la Bastille, avant de les déposer devant l'hôtel de Lassay, l'ancienne résidence du prince de Condé*.

Sophie est émerveillée à l'idée que l'on ait réquisitionné un palais pour y installer une grande école. N'est-ce pas la preuve que la République porte la science en très haute estime ? Que rien n'est trop beau pour ceux qui s'apprêtent à devenir de savants ingénieurs ? Antoine Augustin lui a décrit le marbre, les boiseries, la grande galerie aménagée en amphithéâtre, les petits salons transformés en salles de classe… Même préparée à la majesté des lieux, Sophie en a le souffle coupé.

Le vestibule paraît aussi grand que l'appartement de ses parents rue Saint-Denis. Si elle pouvait se transformer en petite souris, elle filerait tout droit visiter la salle d'exposition des machines, la collection de minéraux, le cabinet de physique dont les murs sont, paraît-il, tapissés d'instruments étincelants ; elle irait fouiner dans le cabinet préféré d'Antoine Augustin, celui des modèles, où s'entassent des gravures, des dessins, un bric-à-brac de bustes en marbre venus directement du Louvre que les étudiants s'entraînent à copier. Puis, toujours en trottinant, elle irait faire un tour du côté des laboratoires de chimie mis à la disposition des étudiants pour y mener leurs expériences.

* Aujourd'hui résidence officielle du président de l'Assemblée nationale.

Certains parviennent à en tirer profit. Elle sait par Antoine Augustin que les membres d'une brigade utilisent le four du laboratoire pour y faire cuire des pommes de terre. Ils sont devenus les grands spécialistes des « PPP », les fameuses Patates en Papillote façon Polytechnique qu'ils revendent en douce et pour quelques pièces à leurs camarades. Il faut dire que Paris vit toujours au régime « sans pain », que la farine reste introuvable, et que les élèves ont constamment faim.

Mais Sophie n'a rien d'une petite souris qui se faufilerait en catimini dans les couloirs de Polytechnique, bien au contraire, sa présence attire tous les regards. Les étudiants la fixent, se poussent du coude, se retournent sur son passage, tous semblent se poser la même question : pourquoi Lagrange a-t-il rendez-vous avec cette demoiselle ?

Elle-même donnerait cher pour le savoir…

Quand une fan rencontre son idole

Imaginez un instant que l'on vous propose de rencontrer LA personne que vous admirez le plus au monde. C'est exactement ce qu'est en train de vivre Sophie. Depuis qu'elle a lu sa *Mécanique analytique*, elle est complètement fan de Joseph Louis Lagrange. Elle le considère comme un génie des mathématiques, un esprit scientifique hors du commun, un explorateur des savoirs, une intelligence supérieure, un caractère except… Stop ! Quand il s'agit de parler de son idole, Sophie se transforme en moulin à paroles qu'il est difficile d'arrêter.

Mais, au moment de le rencontrer, c'est une autre histoire. Sophie a la gorge complètement nouée, même un couinement de souris ne pourrait s'en échapper. Elle est tellement impressionnée qu'elle se sent minuscule, insignifiante, incapable d'intéresser un si grand savant.

Et elle se trompe.

Le génie qui la reçoit dans son cabinet de travail avec un fort accent italien est un homme singulièrement doux, courtois et presque timide. Il l'interroge avec beaucoup de bienveillance sur son parcours d'autodidacte et son intérêt pour les mathématiques. Entre deux questions, il fouille dans un tiroir, en sort une liasse de billets qu'il pose devant elle. Elle rougit lorsqu'elle aperçoit la signature de Le Blanc et s'interrompt. Mais Lagrange la rassure, il ne l'a pas fait venir ici pour évoquer la supercherie, dont il n'a cure, mais pour parler de ses équations. C'est tout ce qui compte à ses yeux. Certaines sont remarquablement bien menées, d'autres démonstrations méritent quelques simplifications qu'il aimerait lui montrer. Surtout, il est curieux de savoir ce qui lui a fait penser à utiliser cette fonction d'Euler pour résoudre ce problème. Tous deux se penchent sur les billets…

Sophie sort de cet entretien gonflée à bloc.

Joseph Louis Lagrange l'a encouragée à aller plus loin et l'a confortée dans sa vocation. Il a vu en elle une graine de future mathématicienne.

Et pas un seul instant, songe-t-elle, le savant n'a évoqué le fait qu'elle soit une fille.

R.I.P.

Tous les éléments sont rassemblés pour que cette histoire avance et se termine le mieux du monde. Vous pensez que Sophie Germain va travailler d'arrache-pied, obtenir la reconnaissance de ses pairs, devenir une célèbre mathématicienne.

Et qui serait mieux placé pour la soutenir qu'Antoine Augustin Le Blanc ? Une fois ingénieur, il pourrait même demander sa main, l'épouser, l'épauler, être à ses côtés. Il la connaît si bien.

Certes, certes, vous avez là le plus joli des scénarios.

Mais dans la vraie vie, il en est souvent tout autrement.

En octobre 1797, Antoine Augustin passe brillamment son examen de sortie de Polytechnique. Il semblerait que la fréquentation de Sophie et les visites du samedi l'aient fait progresser à pas de géant puisque ses examinateurs remarquent la qualité de ses dessins mais surtout son bon niveau en mathématiques. Comme il l'avait souhaité, le jeune homme est affecté à l'école d'application des Ponts et Chaussées, où il doit suivre encore une année de cours avant d'être ingénieur.

Il a atteint son objectif.

Mais le jour de la rentrée, au moment de l'appel dans la cour des Ponts et Chaussées, aucun élève du nom de Le Blanc n'est là pour lever la main et répondre présent.

Entre-temps, Antoine Augustin est décédé. Il est mort brutalement, en l'espace de quelques semaines. De quoi ? Nul ne sait. Peut-être souffrait-il d'une maladie héréditaire ? Sur ses six frères et sœurs, seule une fille, Anicet Marie, survivra à leurs parents. Tous les autres enfants Le Blanc sont morts singulièrement jeunes.

Si, comme nous l'avions pensé, Sophie et Antoine Augustin se sont connus et alliés pour envoyer des billets à Lagrange, nul doute que Sophie a été profondément affectée par cette disparition soudaine. Mais elle n'en montre rien, ouvertement du moins. Comment pourrait-elle pleurer, se laisser aller au chagrin, alors que le Tout-Paris scientifique défile chez elle ? Lagrange a raconté à ses collègues l'apparition surprenante de Sophie, il a loué ses qualités, vanté ses talents manifestes. Du jour au lendemain, celle qu'il présente comme sa protégée devient une célébrité. Des savants connus lui envoient leurs livres, certains demandent à la rencontrer. Le mathématicien Cousin, dont elle a étudié sous la Terreur les équations différentielles, tient a lui remettre son dernier ouvrage en mains propres. Et il n'est pas le seul à frapper à sa porte.

À l'instant où Antoine Augustin Le Blanc passe à l'ombre, Sophie Germain entre dans la lumière.

58.
30.
141.
129.
49.
129.
128.
3.
3.
58.
141.
49.
129.
30.
49.
129.
141.
3.
58.
49.
128.
49.
129.
58.

Les cuisinières qui ne savent pas lire
sont celles qui font la meilleure soupe.
Sylvain Maréchal,
« Projet de loi portant défense
d'apprendre aux femmes de lire ».

Réputation

Un livre so girly

Sophie fulmine. Pour un peu, elle jetterait par la fenêtre le livre que Jérôme Lalande a cru bon de lui offrir, avec l'espoir, très peu scientifique, qu'il s'abatte sur le crâne du vieux savant qui vient de déguerpir.

Elle attendait tellement de cette rencontre !

Quand l'illustre astronome a demandé à saluer *« l'astre naissant... »*, *« la jeune prodige dont le Tout-Paris scientifique chante les louanges... »*, elle s'est senti pousser des ailes. Et c'est presque en lévitation qu'elle a reçu chez elle l'un des savants les plus célèbres du pays.

Il n'a pas fallu cinq minutes pour qu'elle redescende brutalement sur terre.

Le petit homme au crâne difforme s'est avancé vers

elle, et brusquement, dans un ample geste de la main, il s'est masqué les yeux en faisant mine d'être ébloui. Puis il l'a complimentée sur sa *beauté céleste*, sur l'*éclat stellaire de son regard*, et sur d'autres parties sublimes de son corps dont elle ignorait jusqu'alors l'existence.

Sophie s'est d'abord sentie extrêmement gênée, puis très vite elle s'est agacée. Allait-on enfin entrer dans le vif du sujet ? Mais quand elle a tenté une timide incursion sur le terrain des sciences et glissé une question sur la comète de Halley, Lalande s'est contenté de sourire d'un air entendu et lui a remis un paquet ficelé. Elle l'a déballé aussitôt pour découvrir le cadeau. C'était le *Traité d'astronomie des dames*, dédicacé par l'auteur qui n'était autre que son illustre visiteur, Jérôme Lalande en personne.

Elle a blêmi sous l'affront.

Sophie connaît très bien ce genre d'ouvrages. Il y a quelques années, des amis de la famille Germain avaient pensé lui faire plaisir en lui offrant *Le Newtonisme pour les dames* d'Algarotti. Le livre met en scène un savant fort galant qui apprend les théories de Newton à une jolie marquise lors de longues promenades romantiques. Au moment où le savant évoquait l'intérêt pour une femme de porter plus de rouge quand elle se rend à l'Opéra, il lui était tombé des mains.

Fort heureusement, Lalande ne va pas si loin, il fait moins de chichis, moins de falbalas, et ne verse pas dans les métaphores amoureuses pour évoquer les corps célestes. Mais tout comme le livre d'Algarotti, son *Traité d'astronomie des dames* ne contient pas une seule ligne de calcul, et pas la moindre formule mathématique. Dans sa préface, Lalande justifie cette absence par son souci d'éviter tout ce qui risquerait d'effrayer et de *traumatiser* son lectorat féminin.

Vous vous doutez que Sophie a peu apprécié ce présent et l'a fait savoir vertement.

Elle a déclaré au vieux savant interloqué qu'elle avait lu Newton dans le texte et cet énorme pavé bourré de mathématiques qu'est l'*Exposition du système du monde* de Laplace. Et devinez quoi ? Elle avait étudié ces ouvrages sans s'évanouir d'effroi. Incroyable, non ?

Elle a ajouté d'une voix vibrante qu'elle ne voulait pas d'une science adaptée aux femmes, qui n'était qu'une science simplifiée, une science au rabais. Pour elle, il n'y avait qu'une seule science qui vaille, et elle était universelle.

À cet instant seulement, Lalande a vu Sophie telle qu'elle était vraiment, fougueuse, déterminée et comme habitée par ce qu'elle disait. Il l'avait prise pour l'une de ces femmes savantes qui s'est entichée de sciences et il était passé complètement à côté. Maintenant que les yeux de Sophie Germain avaient perdu leur éclat *stellaire* et qu'ils lançaient des *éclairs*, il était trop tard pour se rattraper. Le savant a préféré battre en retraite. Il a demandé à prendre congé, sans se douter qu'il risquait surtout de se prendre sur la tête son fameux traité.

Dès le lendemain, Lalande écrira à la jeune femme une lettre de contrition. En pure perte. Car Sophie restera fâchée pendant des années. Elle s'arrangera toujours pour l'éviter, prenant soin de vérifier qu'elle ne risquerait pas de croiser l'astronome avant d'accepter une invitation.

Il n'empêche que Lalande vient de lui donner une bonne leçon. Sophie sait maintenant qu'aux yeux des autres elle est d'abord une femme avant d'être une mathématicienne, même pour les esprits les plus éclairés de son temps…

Elle se dit qu'elle va devoir batailler ferme pour faire oublier ce chromosome X qui change tout. Quitte à tourner le dos à toutes les femmes qui, comme elle, se battent pour accéder au savoir.

Les femmes savantes

On les appelle les femmes savantes, et ce n'est pas vraiment un compliment. Depuis Molière et sa pièce du même nom, les scientifiques ont tendance à regarder de haut et avec un brin de condescendance ces dames qui se targuent de sciences et osent prospecter sur leurs terres. Cela dure depuis plus d'un siècle, mais elles n'en ont cure. Elles s'instruisent comme elles peuvent, hors des collèges et des grandes écoles, elles s'organisent entre elles, utilisant mille ruses et des chemins de traverse pour accéder au savoir qui leur est refusé. Une chance pour elles, les Lumières ont mis la science à l'honneur et décrété qu'elle devait se déployer, se diffuser et s'enseigner partout, jusque dans les rues ! Comme elles sont malignes – bien obligé –, elles savent mieux que personne profiter de toutes ces opportunités.

Les femmes savantes courent les salons mondains – tenus par des dames généralement riches, distinguées et cultivées –, qui ouvrent leurs portes en grand et de plus en plus souvent aux savants. Elles sont des invitées modèles se prêtant de bonne grâce à toutes les expériences qu'on leur propose. Si douloureuses soient-elles. Avec enthousiasme, elles serrent les dents ainsi que la main de leurs voisins et tressautent en cadence au rythme des commotions électriques qu'un savant leur impulse. Elles se portent volontaires pour l'expérience du « baiser électrique », assurées de ressentir jusqu'au tréfonds de leur cœur un véritable « coup de foudre ». À peine remises de leurs émotions, elles assistent à une séance de « galvanisme » et se demandent, comme tout le monde en cette fin de XVIIIe siècle, si la grenouille de Galvani qui fait la danse de Saint-Guy devant leurs yeux ébahis est bien la preuve vivante de l'existence d'une électricité animale.

Les femmes savantes font des pieds et des mains et dépensent une petite fortune pour s'inscrire aux cours de physique expérimentale du professeur Charles. L'inventeur du premier ballon à gaz est aussi un excellent pédagogue doté d'un grand sens du spectacle. Au cœur du Louvre, dans un amphithéâtre plein à craquer où se pressent les amateurs de sciences, il soigne la mise en scène de ses expériences de mécanique, d'optique et d'électricité, qui subjuguent son public. Les élèves sont mûrs ensuite pour recevoir ses explications scientifiques.

Les femmes savantes ne ratent aucune occasion de s'instruire, même au détour d'une promenade dans Paris. Elles se laissent alors porter par le flot des badauds jusqu'aux grands boulevards où s'alignent les stands des bonimenteurs en tout genre. Comment pourraient-elles résister à l'appel du démonstrateur de physique qui pratique la science en direct avec force explosions de gaz, illuminations au phosphore et gerbes d'étincelles. Un régal pour les yeux et les oreilles ! En se pressant un peu, elles ont encore le temps de courir à l'ancien couvent des Capucins où le fabuleux Robertson fait revenir d'entre les morts les célébrités trépassées. Cette « fantasmagorie électrique », c'est le nom de son spectacle, s'opère grâce à un astucieux mélange d'optique, de mécanique et d'électricité dont il a le secret. Une fois la salle plongée dans le noir, les fantômes ensanglantés de Marat, de Robespierre ou de Danton jaillissent de l'obscurité et s'agitent comme des gifs animés.

La Terreur 2.0 sous votre nez !

Droit à l'image

Dans ce Paris savant où les femmes et les amateurs font de la science tout en s'amusant, inutile de chercher Sophie, car elle ne le fréquente guère. Ce monde-là est bien trop éloigné de celui auquel elle rêve d'accéder. Celui des vrais scientifiques. Des purs et durs. Du genre à s'acharner sur une série d'équations dans la solitude d'un cabinet de travail, à fuir les mondanités, à sortir uniquement pour se retrouver entre collègues de l'Académie des sciences. Ce monde qu'elle idéalise…

Et puis, elle sait maintenant que ce serait bien trop compromettant de côtoyer ces dames éprises de science. Elle risquerait l'amalgame, la méprise et le mépris. Imaginez qu'on la prenne pour une femme savante. Or, Sophie Germain refuse de toutes ses forces cette étiquette qui ruinerait sa réputation. Elle se veut une femme scientifique. Voire une scientifique tout court au même titre que les hommes, sans que l'on ait besoin de préciser son genre.

« Germain », voilà comment elle aimerait qu'on l'appelle. Et pour cela, elle doit à tout prix veiller à son image.

Un certain Ansse de Villoison en fait les frais. Cet helléniste, savant et poète à ses heures, est tout heureux de lui annoncer la parution prochaine d'un poème dans lequel il lui rend un vibrant hommage… Sophie s'alarme. Encore une ode à sa féminité ! Elle réagit aussi sec. La muse courroucée ordonne à son admirateur de brûler ses vers et de tout faire pour empêcher leur publication dans le *Journal des sciences, des lettres et des arts*. Bien sûr, il est trop tard. Le poème est déjà sous presse. Ansse de Villoison se fend de plusieurs suppliques dans lesquelles il annonce avoir brûlé sa pièce de vers en grec, soutient qu'il voudrait pouvoir faire de même avec la version latine (pas de chance, c'est celle qui va être publiée) et donne *sa parole d'honneur* que désormais il admirera la jeune femme en silence. Ce qui n'empêche pas ce grand bavard d'en parler autour de lui. Après sa dispute avec Jérôme Lalande, tout Paris bruisse de cette nouvelle affaire et s'étonne de la réaction de Sophie Germain. Comment une demoiselle aussi sage peut-elle craindre un petit poème de rien du tout en grec ancien et en latin ? On cherche une explication, on y va de sa supputation, on évoque une timidité maladive, une pudeur de jeune fille, une modestie excessive… Sans imaginer un seul instant que Sophie Germain lutte pied à pied pour gommer la demoiselle qu'on ne cesse de voir en elle.

Les betteraves sont cuites

Il arrive que ses efforts paient.

Sophie se souvient avec délice de cette invitation à déjeuner dans la maison de campagne de l'agronome Tessier. Selon le calendrier républicain, c'était un duodi de pluviôse où pourtant le soleil rayonnait.

Elle l'avait vécue comme une escapade grisante, loin de Paris, loin de ses parents qui exceptionnellement n'avaient pu l'accompagner. Elle s'était rendue dans la plaine de la Brie, seule, en totale autonomie, impatiente de rencontrer les amis de Tessier, tous scientifiques comme lui. Le maître de maison avait choyé ses convives parisiens et garni sa table des produits de son potager. Ce jour-là, malheur à celui qui n'aimait pas les betteraves ! Cuites, crues, râpées, marinées, en petits dés, en purée ou en rondelles, elles étaient déclinées de mille façons. Rien d'étonnant à cela : la *Beta vulgaris,* le nom scientifique de la betterave potagère, était le nouveau dada et sujet d'étude de l'agronome ; il en avait produit des tonnes et comptait sur ses invités pour les écouler. En guise d'accompagnement, il y avait des feuilles de mâche, des terrines et des pâtés, ainsi que des tombereaux de pommes de terre nappées de beurre frais. Le maître de maison expliqua qu'il s'agissait d'un hommage à l'agronome qui avait passé sa vie à promouvoir le tubercule. Tous les regards se tournèrent alors vers un vieil homme en perruque poudrée qui portait une fleur de pomme de terre brodée à la boutonnière. C'est ainsi que Sophie rencontra Parmentier ! Pendant le repas, il lui confia que, depuis vingt ans, on lui servait des pommes de terre partout où il était convié, qu'il se languissait de carottes et de navets, qu'il rêvait de petits pois frais. Elle lui répondit qu'il était pleinement responsable de la situation. Il avait découvert le féculent idéal, celui qui se conserve douze mois de l'année et que l'on peut cuisiner à toutes les sauces... Aucun répit ne lui serait accordé !

La jeune femme croisa également Cuvier, un jeune paléontologue plein d'ambition, ainsi que des agronomes, des botanistes, des médecins, tous membres de l'Académie des sciences. La conversation roulait, légère et brillante. Sophie, toujours avide de s'instruire, écoutait, s'enhardissait, questionnait, lorsque Tessier vint la prendre à part. Il s'excusa presque d'avoir à lui présenter l'une de ses cousines qui s'intéressait à la géométrie. Il avertit que la brave femme n'avait étudié que les figures les plus simples, mais qu'elle insistait pour présenter à Sophie un échantillon de son travail. L'agronome pria la mathématicienne de se montrer indulgente avec la cousine qui se voulait savante...

En entendant les mots de Tessier, la jeune femme se sentit propulsée d'un coup dans le club très fermé des scientifiques. L'agronome s'était adressé à elle comme à une complice, une alliée, une semblable. Soudain, elle se voyait planer au-dessus de la mêlée informe des savants amateurs. Sophie jubilait tout en se sentant troublée. Pour faire partie de ce monde supérieur, fallait-il regarder de haut toutes celles qui, plus bas, s'initiaient aux sciences ? Faire mine de s'intéresser à leurs travaux ? Les traiter avec indulgence, pour ne pas dire condescendance ? Sophie devait-elle choisir son camp, elle qui savait combien il en coûtait de s'instruire seule, sans passer par l'école et les professeurs ?

Elle n'eut guère le temps de s'épancher sur le sujet. L'après-midi touchait à sa fin et, contrairement aux hommes scientifiques qui l'entouraient, Sophie avait obligation de rentrer. Tessier avait promis à M. Germain que sa fille, de vingt ans passés, serait reconduite chez elle à une heure convenable. Le moment était venu pour Cendrillon de rentrer dare-dare à la maison… Alors qu'à ses pieds un sac en toile de jute rempli de betteraves, cadeau de Tessier, tressautait au rythme de la calèche qui l'emportait, elle sortit un livre de son bagage. C'était l'*Essai sur la théorie des nombres* du mathématicien Legendre, un ouvrage que lui avait chaudement recommandé Lagrange. Elle s'y plongea et ne leva la tête qu'à l'entrée dans Paris, toute surprise de constater qu'il faisait presque nuit. Ses yeux scintillaient dans l'obscurité, émerveillés par ce qu'elle venait de lire. Ainsi, certains mathématiciens s'intéressaient aux nombres en tant que tels! Elle avait deviné depuis longtemps qu'on pouvait les considérer comme des objets à part entière. Les nombres n'étaient pas forcément des quantités de quelque chose – de carottes, de betteraves, de parts de tarte ou de mètres carrés –, ils méritaient d'être étudiés pour eux-mêmes. À partir de là, on pouvait en toute liberté, et sans faire référence à la réalité, les combiner, les manipuler, les mettre en équations, étudier leurs propriétés les plus secrètes. Le terrain de jeux était immense et l'entrée, gratuite. Pour y jouer, nul besoin d'instruments de mesure, de laboratoire, ou d'équipement particulier, il suffisait d'une plume, d'un peu d'encre et de beaucoup de papier.

Dans son album de souvenirs, ce duodi de pluviôse était à marquer d'une pierre blanche. C'est ce jour-là que Sophie a décidé de se consacrer à cette branche particulière des mathématiques qu'on appelle la théorie des nombres. Elle l'a fait comme on entre dans les ordres.

Ce cachottier de Fermat

Depuis, Sophie travaille sans répit, les méninges en ébullition, constamment titillées par des questionnements sans fin. Elle se demande, par exemple, comment sont organisés ces drôles de nombres que sont les nombres premiers. Vous savez bien. Ceux qui sont uniquement divisibles par eux-mêmes et par 1, comme 2, 3, 5, 7, 11, 13, 17… 65 537. Dans une suite numérique, pourquoi certains nombres premiers sont proches les uns des autres, comme regroupés selon de mystérieuses affinités, alors que d'autres sont isolés ? Est-ce que ces nombres particuliers apparaissent de façon aléatoire ? Ou bien sont-ils répartis selon un ordre dont on ignore le sens ?

Sachez qu'à l'heure où vous lisez ces lignes, la formation des nombres premiers reste un mystère complet. C'est même devenu une question à un million de dollars, soit le montant du prix décerné à celui ou celle qui répondra à cette question. Et que l'on attend comme le messie !

Et c'est loin d'être la seule énigme mathématique qui excite au plus haut point la communauté scientifique ! Sophie est tombée sur un autre problème qui va la tarauder pendant de longues années : la résolution du grand théorème de Fermat.

Pour faire court.

En 1639, le mathématicien Pierre Fermat griffonne quelques lignes dans la marge d'un livre. Il affirme que la formule $x^2 + y^2 = z^2$, toute simple, toute bête, connue depuis Pythagore et l'Antiquité, ne marche plus dès que l'on passe au cube et même lorsque la valeur de l'exposant est supérieure à 2. Et le savant, malicieux, d'ajouter cette petite phrase: «J'en ai découvert une démonstration véritablement merveilleuse que cette marge est trop étroite pour contenir.» Ben voyons... Exactement le genre de propos qui a le don d'exciter au plus haut point la communauté scientifique. À partir de là, des générations de mathématiciens vont essayer de retrouver cette «merveilleuse démonstration» – dont Fermat se vante un peu vite – qui permettrait de valider officiellement son théorème*.

Sophie va relever le défi comme les autres. Comment pourrait-elle se douter qu'il faudra attendre plus de deux siècles avant que le mathématicien britannique Andrew Wiles n'apporte en 1994 la preuve générale et irréfutable du théorème de Fermat sur près de mille pages? L'événement sera planétaire, couvert par les médias du monde entier. La marque de vêtements GAP ira jusqu'à demander à Wiles de poser pour elle. Vous imaginez! Tout ça pour un théorème qui ne sert pas à grand-chose. Car, oui, on ne vous l'a pas précisé, mais savoir que $x^n + y^n = z^n$ ne fonctionne pas quand $n > 2$ n'est d'aucune utilité en soi.

Alors, tout ça pour ça?

Détrompez-vous. Pour arriver à ce résultat, les mathématiciens vont inventer de nouvelles méthodes de calcul

* Les plus pointilleux d'entre vous auront noté qu'il s'agit plus d'une conjecture que d'un théorème, puisque officiellement l'affirmation de Fermat n'est pas démontrée... Et ils auront parfaitement raison.

et faire preuve d'une créativité sans bornes. Les recherches sur le théorème de Fermat vont se traduire par une moisson de résultats et des répercussions sur tout un domaine appelé la géométrie algébrique, dont on se sert aujourd'hui pour calculer le profilage des carrosseries de fusées ou celui de robots*.

Pour Sophie, il en sera de même, le grand théorème de Fermat va être un formidable stimulant et l'entraîner bien plus loin qu'elle ne l'avait imaginé. Jusqu'en Allemagne, où un certain Gauss est en train de révolutionner la théorie des nombres.

* Pour la version longue et pour ceux que ça intéresse, toute l'affaire est développée en annexe…

58.

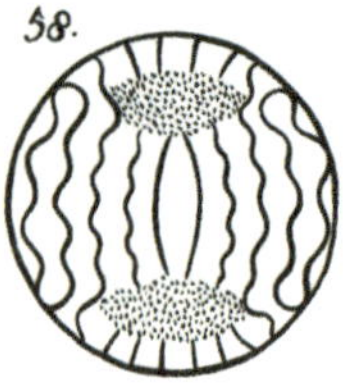

30.

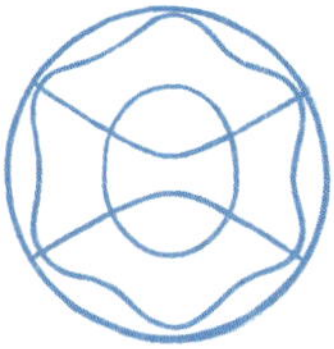

141.

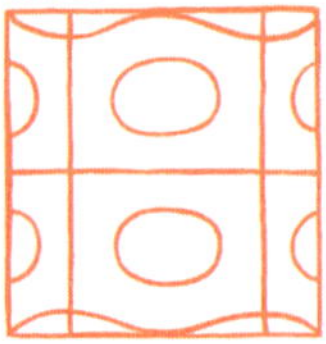

129.

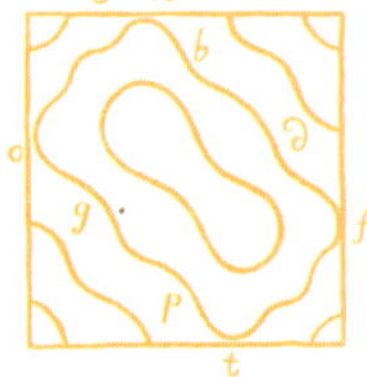

49.

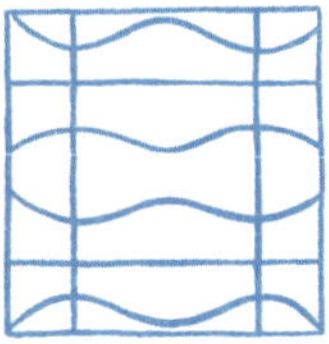

129.

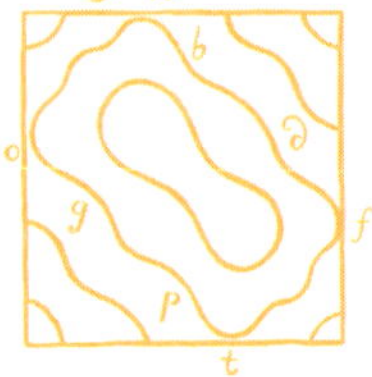

128.

3.

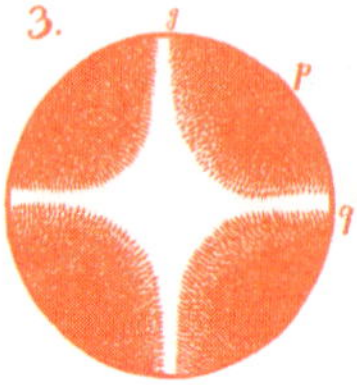

3.

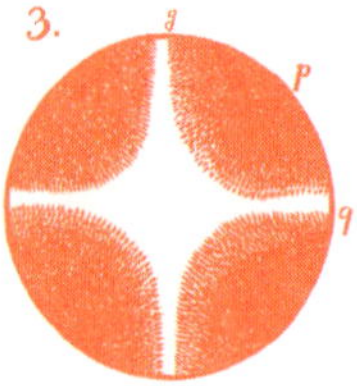

58.

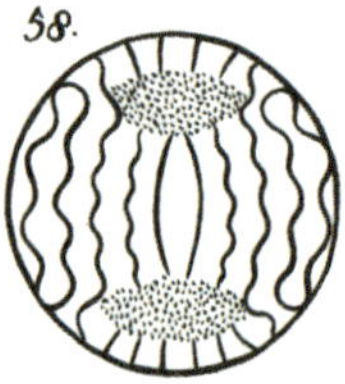

141.

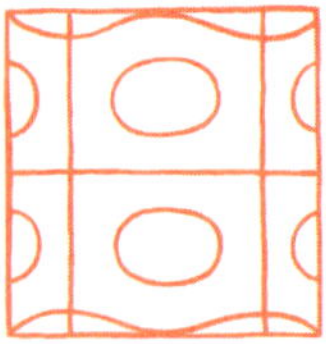

49.

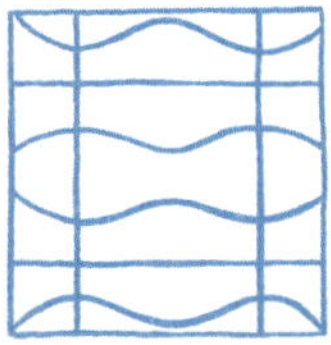

129.

30.

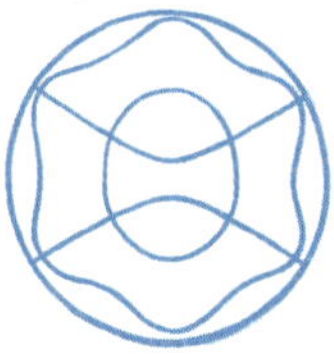

49.

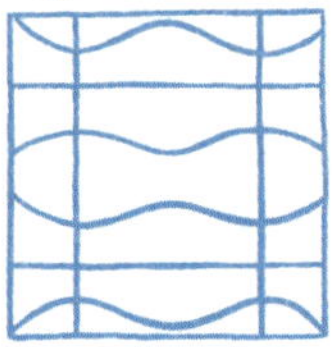

129.

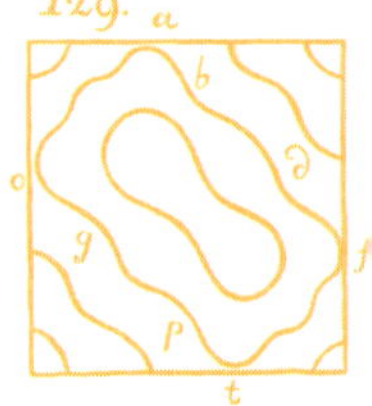

141.

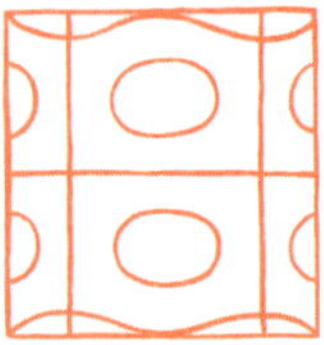

3.

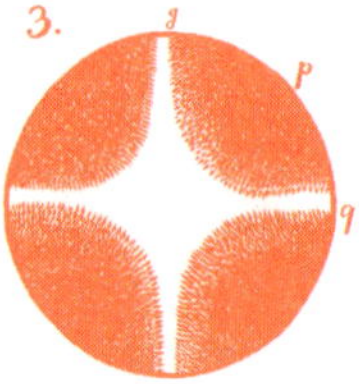

58.

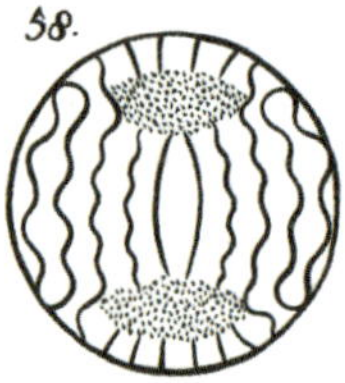

49.

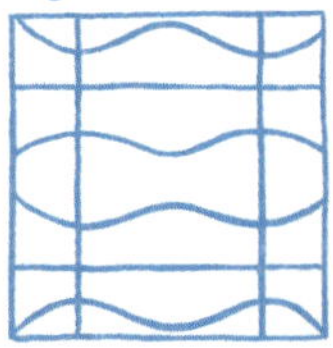

128.

49.

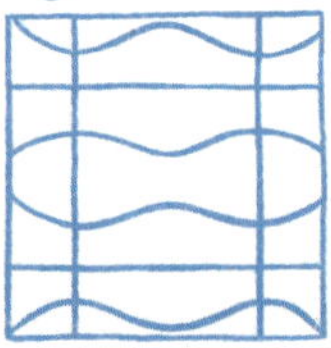

129.

58.

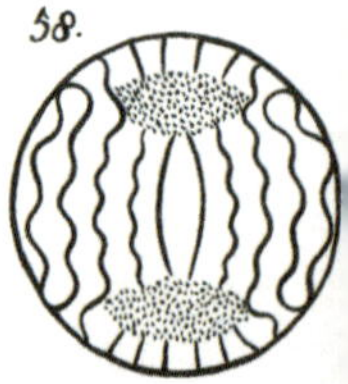

Les charmes enchanteurs de cette sublime science
ne se décèlent dans toute leur beauté qu'à ceux
qui ont le courage de l'approfondir.
Carl Friedrich Gauss,
à propos de la théorie des nombres.

Recommandations

Gaussip girl

Sophie lève sa plume, semble hésiter un bref instant, la trempe dans l'encrier et termine sa lettre par ces quelques mots :

Votre très humble serviteur et très assidu lecteur,
Le Blanc

Elle a remis ça. Au moment de signer *Sophie Germain* comme elle l'avait prévu, elle a craint de passer pour une femme savante aux yeux de son illustre confrère. Elle a préféré utiliser le pseudonyme qui lui a rendu tant de services par le passé. Tout en cachetant sa lettre à la cire, elle remercie en silence ce cher Antoine Augustin de lui prêter une nouvelle fois son identité.

C'est que Sophie ne s'adresse pas à n'importe qui, mais à l'Allemand Carl Friedrich Gauss, surnommé dans toute l'Europe «le Prince des mathématiques». Elle voue une admiration sans bornes à celui qui vient de révolutionner la théorie des nombres, et elle tremble de sa propre témérité à solliciter l'avis d'un tel génie.

Pour la rassurer, on pourrait lui montrer qu'elle partage plus d'un point commun avec Carl Friedrich Gauss.

Ils ont le même âge.

Ils se sont découvert très jeunes une attirance irrépressible pour l'arithmétique.

Ils ont poursuivi dans cette voie alors que ni l'un ni l'autre n'était destiné à faire des mathématiques. Sophie, parce qu'elle est une fille. Carl Friedrich, parce qu'il est né pauvre et que son père attendait de son fils qu'il travaille dès quatorze ans pour aider sa famille.

La comparaison s'arrête là.

Une fois qu'il a été repéré par ses professeurs, Gauss a été encouragé, soutenu financièrement pour faire des études scientifiques dans les meilleurs établissements de la Basse-Saxe. Sophie, elle, a continué à cheminer seule.

Il faut dire aussi que le garçon est un génie, un vrai, et drôlement précoce avec ça.

Ce qui n'est pas le cas de Sophie, elle le reconnaît volontiers. Elle se sait douée et passionnée, elle s'estime travailleuse, et certainement des plus obstinées, mais elle ne relève chez elle aucune trace de génie. Elle ne s'en plaint pas. N'a-t-elle pas déjà tout ce qu'il faut pour être une excellente mathématicienne ?

Gauss, lui, plane au-dessus du lot.

À trois ans, le petit Carl Friedrich entend son père faire ses comptes et lui signale d'une voix fluette une erreur dans ses calculs.

À neuf ans, il bluffe son instituteur le jour où celui-ci demande à ses élèves de faire la somme des nombres entiers de 1 à 100. L'exercice, long et terriblement ennuyeux, a surtout un avantage. Il permet au professeur d'avoir une paix royale pendant deux bonnes heures Mais, cette fois, l'enseignant n'a guère le temps de profiter du répit car, au bout de quelques minutes, le petit Gauss vient lui fourrer son ardoise sous le nez en clamant : *« Ligget se ! »* (« Ça y est ! ») Et en effet, sans la moindre trace de calcul, l'enfant a inscrit la réponse exacte : 5 050.

On ne sait pas comment Gauss s'y est pris pour trouver ce résultat, mais il ne s'est sûrement pas embêté à additionner les nombres un à un et a emprunté un raccourci.

Le professeur comprend très vite qu'il a affaire à un petit prodige et qu'il doit redoubler d'attention à son égard. Son assistant, passionné de maths, prend le jeune Gauss sous son aile et lui enseigne tout ce qu'il sait.

Lorsque l'enfant atteint ses onze ans, on parvient à convaincre son père de le laisser poursuivre ses études. On le présente au duc de Brunswick, qui, impressionné par l'intelligence du garçon, s'engage à lui attribuer une bourse annuelle le temps de sa scolarité.

Dès lors, Gauss travaille d'arrache-pied, il écrit sa thèse universitaire, calcule l'orbite de la planète naine Cérès que les astronomes pensaient à jamais hors de portée, et publie son chef-d'œuvre, les *Disquisitiones arithmeticae (Recherches arithmétiques).* Il s'agit d'un ouvrage révolutionnaire qui pose les bases de la théorie des nombres et qui est considéré aujourd'hui comme l'un des joyaux des mathématiques*.

Au moment de sa sortie, en 1801, c'est loin d'être le cas. Le traité, en latin, reçoit un accueil mitigé ; notamment en France, où on le juge obscur, dense et tellement avare en explications que l'on n'y comprend pas grand-chose. Il faut dire que Gauss a une manière plutôt succincte

* Gauss est surtout connu pour avoir inventé la courbe de répartition en cloche – la fameuse « courbe de Gauss » –, ainsi que la méthode de construction du polygone à 17 côtés.

de présenter ses travaux ; tel un architecte, il préfère retirer les échafaudages et les outils qu'il a utilisés une fois sa construction mathématique achevée. Il est donc très difficile pour ses lecteurs de comprendre comment il est arrivé à telle conclusion, puisque souvent ils ignorent le procédé qu'il a employé…

Sparring partner

Il en est d'autres pourtant, et pas des moindres, que cette lecture ardue stimule au plus haut point. Vous aurez deviné que c'est le cas de Sophie Germain*. Elle est l'une des premières parmi les mathématiciens à comprendre l'importance des nouvelles méthodes introduites par Gauss. Sans attendre la traduction française des *Disquisitiones arithmeticae,* elle se plonge dans la version d'origine que le mathématicien a écrite en latin. Comme à son habitude, elle ne lâche rien. Elle travaille avec ardeur pendant plusieurs années avant de venir à bout des 366 résultats traités par Gauss. Mais alors quel plaisir ! Quel enrichissement ! Et quelle avancée dans ses propres recherches ! Au fil de sa lecture, elle noircit des pages et des pages de commentaires et de démonstrations que lui inspirent

* C'est aussi le cas du mathématicien Dirichlet, qui était fasciné par les *Disquisitiones arithmeticae* de Gauss, au point de glisser le livre sous son oreiller au moment du coucher, dans l'espoir qu'au matin il serait traversé par une illumination et trouverait du sens à sa lecture.

les *Disquisitiones arithmeticae.* Non seulement elle assimile les nouvelles méthodes de Gauss, mais elle complète et améliore certains de ses articles. Un jour, elle n'y tient plus. Enhardie par ses découvertes, elle prend la plume le 21 novembre 1804 et se décide à soumettre à Gauss plusieurs remarques ainsi que ses propres travaux sur un type particulier de nombres premiers liés au théorème de Fermat.

La réponse du génie allemand tombe du ciel six mois plus tard. Une éternité ! Même à l'époque où le courrier envoyé depuis l'étranger se fait souvent attendre. On ne sait comment Sophie Germain est parvenue à ronger son frein, mais sa patience est amplement récompensée. La lettre de Gauss, écrite en excellent français, est à la fois amicale et très encourageante. Le mathématicien commence par féliciter M. Le Blanc pour la finesse et l'élégance de sa démonstration sur les nombres premiers. Ce qui est un très beau compliment dans la bouche d'un mathématicien. Il avoue avoir pris grand plaisir à la lire, quoique, ne peut-il s'empêcher d'ajouter, il soit impossible de la généraliser. Surtout, il se réjouit de rencontrer un ami aussi « habile » que M. Le Blanc, avec qui il peut s'entretenir librement des mystères de l'arithmétique, en étant sûr d'être compris, ce qui pour lui n'est pas courant.

Gauss est ainsi parfaitement conscient que le « lecteur

enthousiaste » qui s'adresse à lui est loin d'être un simple amateur. C'est même un drôle d'oiseau. Rares sont les scientifiques qui s'intéressent aux mathématiques purement abstraites, par les temps qui courent. Dans toute l'Europe, on ne jure que par les mathématiques appliquées, celles qui servent à bâtir, à fabriquer des armes, à inventer mille objets. Celles qui sont utiles au pays. Gauss s'empresse donc de faire entrer Le Blanc, cet inconnu tombé du ciel, dans le cercle très fermé de ses correspondants réguliers. Au même titre que Lagrange, c'est dire ! Au fil des mois et des lettres, leurs échanges à haute teneur arithmétique se prolongent, en même temps que leur complicité grandit.

Pourtant, la situation géopolitique n'est guère favorable à l'amitié franco-allemande. Leurs pays respectifs sont en guerre.

Bas les masques

La France, qui n'en finissait pas de subir les assauts répétés de ses voisins européens, est passée à l'attaque. Napoléon, le nouvel homme fort du pays, ne se contente plus de défendre les frontières, il les franchit allègrement et part à la conquête de nouveaux territoires. La stratégie se révèle payante. Les armées françaises écrasent les troupes dirigées par le roi de Prusse, pourtant trois fois plus nombreuses, font tomber Berlin et arrivent aux portes de Brunswick, là même où vit Carl Friedrich Gauss.

Sophie, vous vous en doutez, suit de près le cours des événements. Quand elle apprend que la ville allemande est sur le point de tomber entre les mains des Français, elle prend peur.

C'est le moment que choisit ce bon vieil Archimède pour réapparaître, afin de lui rappeler ce que risque en temps de guerre un scientifique légèrement tête en l'air.

Une scène la hante. Elle imagine Gauss, chez lui, plongé dans ses calculs; elle voit un soldat de Napoléon fracasser la porte du cabinet de travail et vociférer contre le savant. Gauss ne répond rien, absorbé par ses recherches. Quand il lève la tête, étonné, il est trop tard, le fantassin l'a transpercé de sa baïonnette. Sophie étouffe un cri. Puis se ressaisit. Elle doit absolument trouver le moyen d'éviter à Gauss la mort tragique du géomètre de Syracuse.

Elle fait alors appel à un vieil ami de la famille, le général de Pernety, occupé au même moment à assiéger la ville allemande de Breslau. Elle le supplie d'avertir Gauss des dangers qu'il encourt et de le placer sous la protection des autorités françaises. Pernety s'y engage, si bien qu'il envoie sur-le-champ l'un de ses officiers au domicile du mathématicien. Au terme d'une course effrénée, le chef de bataillon Chantel arrive à l'adresse indiquée, frappe à la porte et se lance dans de grandes explications. Gauss est tout surpris d'apprendre qu'une certaine mademoiselle Germain, qui se présente comme étant son amie, est très inquiète à son sujet.

Il ne connaît pas de Sophie Germain.
Il en est sûr ?
Jamais entendu parler.

Quelques mois plus tard, Gauss reçoit une lettre de sa mystérieuse protectrice. C'est Sophie, naturellement, qui s'est décidée à tout lui avouer : *« Je ne suis pas aussi parfaitement inconnue que vous le croyez ; mais [...] craignant le ridicule attaché au titre de femme savante, j'ai autrefois emprunté le nom de M. Le Blanc pour vous écrire et vous communiquer des notes qui, sans doute, ne méritaient pas l'indulgence avec laquelle vous avez bien voulu y répondre. [...] »*

Comme pour montrer ses compétences et prouver ses dires, elle joint en annexe une nouvelle note dans laquelle elle présente ses derniers travaux en analyse mathématique. Puis elle conclut en espérant de tout son cœur que sa « singularité » – c'est-à-dire le fait qu'elle soit une femme – n'empêchera pas Gauss de continuer à lui donner des nouvelles. Car elles sont essentielles pour elle.

Puis elle patiente, la trouille au ventre.

Admiration

Pour une fois, la réponse de son illustre correspondant ne se fait pas trop attendre. Gauss s'est empressé de lui écrire, et sa lettre est formidable. Elle mériterait d'être affichée et encadrée dans toutes nos classes scientifiques où l'on compte si peu de filles. Actuellement, les étudiantes représentent moins de 30 % des effectifs en sciences fondamentales. Et ce pourcentage déjà bien maigre fond comme neige au soleil dans les départements de mathématiques.

Aussi, prenez le temps de lire cet extrait de la fameuse lettre de Gauss dans laquelle il rend un hommage vibrant à la singularité de Sophie Germain. À ses yeux, une femme mathématicienne a plus de valeur qu'un homme mathématicien, car, contrairement à ce dernier, elle a dû affronter bien des obstacles et des préjugés pour arriver jusque-là.

Il est bon de rappeler que cet argument d'une logique implacable émane du plus grand mathématicien du XIXe siècle :

Comment vous décrire mon admiration et mon étonnement de voir mon estimé correspondant M. Le Blanc se métamorphoser en cet illustre personnage qui me donne un brillant exemple de ce que j'aurais du mal à croire. Le goût pour les sciences abstraites en général et surtout pour les mystères des nombres est fort rare. On ne s'en étonne pas. Les charmes enchanteurs de cette science sublime ne se révèlent dans toute leur beauté qu'à ceux qui ont le courage de l'approfondir. Mais lorsqu'une personne de ce sexe, qui du fait de nos mœurs et nos préjugés doit rencontrer infiniment plus d'obstacles et de difficultés que les hommes pour se familiariser avec ces recherches épineuses, sait néanmoins franchir ces entraves et pénétrer ce qu'elles ont de plus caché, alors, il faut sans doute qu'elle ait le plus noble courage, des talents extraordinaires et un génie supérieur.

Bien qu'il soit réputé pour ses avis tranchants, il lui fait le plus beau des compliments :

Les notes savantes, dont toutes vos lettres sont si richement remplies, m'ont donné mille plaisirs. Je les ai étudiées avec attention, et j'admire la facilité avec laquelle vous avez pénétré toutes les branches de l'Arithmétique, et la sagacité avec laquelle vous les avez su généraliser et perfectionner.

Puis, avec un tact infini, cet homme que l'on présente parfois comme un ours mal léché reprend la conversation « mathématique » là où ils l'avaient laissée, comme si de rien n'était et que le plus important résidait dans ces pages et ces pages d'équations et de démonstrations qu'eux seuls savent apprécier.

Il y aura d'autres lettres, de plus en plus amicales. Gauss demandant par exemple à sa correspondante parisienne de l'aider à choisir et acheter une montre pour sa femme.

Arrive le jour où Sophie, tout excitée par ses nouvelles recherches sur les nombres premiers liés au théorème de Fermat, écrit à Gauss une longue lettre afin de lui demander son avis. Elle attend plusieurs mois, bouillante d'impatience, mais rien ne vient.

Elle ignore que le mathématicien traverse de grandes difficultés personnelles. Gauss a accepté un nouveau poste à l'université de Göttingen où il ne connaît personne. Son épouse meurt après avoir donné naissance à leur troisième enfant ; le bébé décède quelques mois plus tard. Gauss sombre dans la dépression et se consacre entièrement à ses travaux en astronomie. Il suspend sa correspondance avec Sophie sans donner plus d'explications.

Découragée, la jeune femme délaisse peu à peu ses travaux sur le théorème de Fermat et se met en quête d'un nouveau sujet de recherche. Il n'aura plus rien à voir avec la théorie des nombres ni avec Gauss.

Dans quel domaine au juste ? Elle ne sait pas encore.

Le 27 janvier 1809, alors qu'elle lit, comme elle le fait

chaque jour, le *Journal de l'Empire* auquel est abonné son père, une petite annonce attire son attention :

Clavicylindre et Expériences sur la visibilité du son, par M. Chladni,

Rue Vivienne, n° 14

Tous les jours, à 2 et 8 heures du soir, excepté les mercredis et les samedis

Prix d'entrée : 3 frs.

D'habitude, son regard glisse sans s'arrêter sur le programme des expériences de physique et de fantasmagorie proposées au public parisien, mais Chladni n'est pas n'importe qui. C'est un acousticien et un ingénieur allemand qui s'est spécialisé dans les vibrations sonores et dont les expériences, paraît-il, sont aussi spectaculaires qu'intéressantes. Sophie, émoustillée, décide d'aller voir ça de plus près.

58.
30.
141.
129. a
49.
129. a
128.
3.
3.
58.
141.
49.
129. a
30.
49.
129. a
141.
3.
58.
49.
128.
49.
129. a
58.

Ne croyez pas que la vie d'un mathématicien soit accommodante. Elle est remplie de perplexité, de frustration, de combats désespérés vers la compréhension.

Cédric Villani

Vibrations

Une pincée de sable fin

Si vous avez l'occasion de visiter le palais de la Découverte, à Paris, allez donc faire un tour dans la salle « Sons et vibrations ». Peut-être aurez-vous la chance d'assister à la célèbre expérience mise au point par l'acousticien allemand Chladni. Deux cents ans plus tard, elle fait toujours son petit effet.

Le principe en est simple et les résultats surprenants.

Une plaque en métal carrée est fixée sur un support.

On la saupoudre d'une pincée de sable très fin et très léger.

On frotte l'archet d'un violon sur le bord de la plaque de façon à la faire vibrer et à produire une note de musique.

Comme par magie – bien qu'il n'y ait rien de magique là-dedans, évidemment –, les grains de sable s'agitent, se soulèvent et viennent se ranger à certains endroits de la plaque. Mais ils ne le font pas n'importe comment*. Le sable trace le contour de figures géométriques parfaitement régulières et symétriques.

Si l'on déplace l'archet sur un autre point de la plaque et que l'on produit une nouvelle note, les lignes tracées par le sable seront totalement différentes, mais toutes aussi régulières et harmonieuses**. Vous aurez deviné qu'il existe un lien entre l'impulsion donnée par l'archet et les vibrations émises par la plaque qui sont rendues visibles grâce au sable, n'est-ce pas ?

Mais quel est ce lien ?

* Le sable migre et se réfugie aux endroits où la plaque est immobile, où elle ne vibre pas. On appelle ces endroits des « lignes nodales ». Cela indique qu'en dehors des lignes nodales tout le reste vibre.

** La vidéo de l'expérience « Sons et vibrations » est en libre accès sur le site du palais de la Découverte.

Figures acoustiques de Chladni

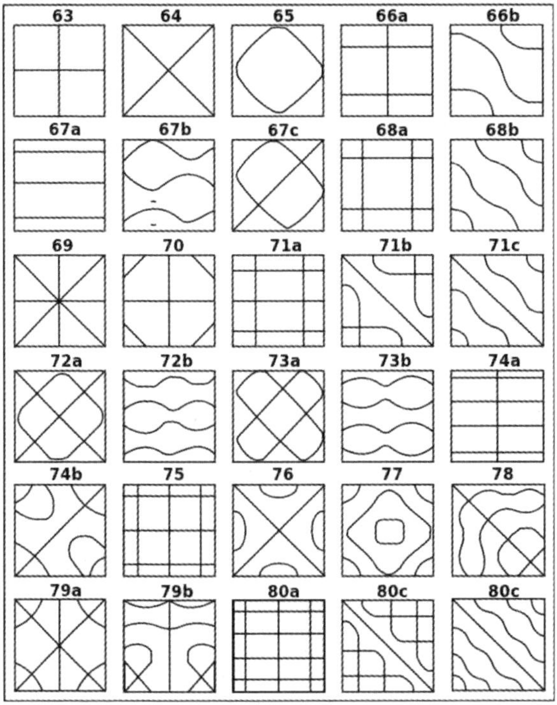

L'expérience est spectaculaire, un brin poétique et surtout fort troublante. En 1808, elle a tout ce qu'il faut pour piquer la curiosité des Parisiens avides de nouveauté qui se pressent aux séances organisées par Chladni. L'acousticien allemand a visé juste en choisissant d'exercer dans la ville des Lumières. Paris est considérée à cette époque comme la capitale des sciences, le point de rencontre des savants en tout genre et le passage obligé pour celui qui espère se faire remarquer.

Exactement l'ambition de Chladni.

L'ingénieur fait si bien parler de lui qu'il est invité à présenter son expérience à l'Institut de France, devant le gratin des physiciens et des mathématiciens français. Il y est fort applaudi. Quelques semaines plus tard, plusieurs membres de l'Académie des sciences, et des plus influents, comme Laplace, organisent une entrevue avec Napoléon dans l'un des petits salons du palais des Tuileries. Chladni se présente devant l'Empereur avec ses plaques carrées et rondes, son clavicylindre – un instrument de musique de son invention –, et sans doute une bonne dose de trac. Il connaît la réputation de Napoléon, il sait qu'il a devant lui un spectateur exigeant. Le souverain est doté d'une solide formation scientifique et excelle, paraît-il, en mathématiques. (Son vieux Bézout l'accompagne partout, ce qui lui fait un point commun avec Sophie.) Il n'accordera pas son soutien à la légère.

L'Empereur pose énormément de questions, teste le clavicylindre, dont il martyrise les touches, et se montre très intéressé par les expériences de Chladni. Si bien qu'il lui commande une traduction française de son essai sur l'acoustique et demande à l'Académie des sciences de lancer un concours doté d'un Grand Prix extraordinaire sur le thème des vibrations.

Le candidat susceptible de trouver le modèle mathématique qui décrit l'expérience menée par Chladni recevra une médaille en or d'une valeur de 3000 francs. Détail amusant, la figure gravée sur cette médaille est celle de ce bon vieil Archimède.

Toujours là quand il faut…

Eurêka !

Sophie se trouve à la librairie Régent et Bernard lorsqu'elle entend parler d'un concours sur les vibrations de Chladni. Aussitôt, elle tend l'oreille, les sens en éveil. Il y a quelques semaines, elle est allée à l'adresse indiquée dans le journal, rue Vivienne. Elle s'est mêlée au public de curieux et de savants amateurs, elle a assisté de près à la série d'expériences menées par l'ingénieur. Elle a été soufflée par l'ingéniosité du procédé qui permet, pour la première fois dans l'histoire des sciences, de montrer le son, de le rendre visible ! Très vite, elle n'a pu s'empêcher d'observer la scène avec son regard de mathématicienne. Elle s'est dit qu'il devait forcément y avoir un lien, une équation, entre l'impulsion donnée par l'archet et les vibrations de la plaque.

Puis plus rien.

Sophie est retournée à ses occupations habituelles et n'y a plus pensé. Du moins, c'est ce qu'elle croyait, car sans vraiment s'en rendre compte, elle n'a jamais cessé d'y réfléchir. Peu à peu, une idée a germé, s'est séparée des autres et a fait son chemin. Elle est restée tapie, bien à l'abri dans les profondeurs de son esprit, attendant le moment propice pour éclater au grand jour. L'illumination saisit Sophie lorsqu'elle découvre le programme complet du concours sur les surfaces élastiques. À la fin de la présentation, au moment de lire la question posée – *donner la théorie mathématique des surfaces élastiques et la comparer à l'expérience* –, la jeune femme se frappe le front comme foudroyée par une intuition. Elle est persuadée d'avoir la solution, mais elle ne peut encore l'expliquer ; elle est là, quelque part dans sa tête, il ne s'agit plus que de l'en faire sortir.

Le soir même, Sophie réunit un conseil de famille et annonce son intention de concourir au Grand Prix extraordinaire sur les surfaces élastiques. Ses parents et sa sœur Angélique l'interrogent aussitôt :

– Qu'est-ce donc que ces surfaces élastiques ?

– Ce sont des plaques en verre ou en métal rondes ou carrées, leur explique-t-elle. Quand on les frotte avec un archet de violon, elles vibrent, c'est-à-dire qu'elles se déforment et reviennent à leur état initial. On dit qu'elles sont élastiques.

– Et donc ?

– L'on doit montrer, par des calculs, le lien mathématique entre l'impulsion donnée par l'archet et les vibrations qui parcourent la plaque.

– C'est difficile ?

– Extrêmement difficile.

– Cela sert à quoi ?

– Cela peut être très utile pour calculer les vibrations et les déformations qui touchent certains matériaux de construction, comme les structures en métal des ponts, par exemple.

À ce stade de la conversation, tout le monde s'inquiète un peu, car Sophie n'a jamais fait de recherches dans le domaine des mathématiques appliquées à la physique.

Peut-elle y arriver en débutant de la sorte ?

Sophie est confiante, elle a une hypothèse qui tient « la corde », se réjouit-elle. Elle pense utiliser les travaux qu'Euler a déjà réalisés par le passé sur les vibrations, mais émises par une seule corde, cette fois. Par analogie, elle propose de faire comme si la plaque en métal était constituée d'un assemblage de cordes qui vibrent à l'unisson… Malin !

On se méfie soudain. Sophie va-t-elle enfin concourir sous son vrai nom ou a-t-elle l'intention de se faire appeler Le Blanc ? La jeune femme éclate de rire : le mémoire remis à l'Académie des sciences doit rester anonyme !

Ce qu'elle ne sait pas

Sophie ignore que son hypothèse, si ingénieuse soit-elle, n'est absolument pas dans l'air du temps. En 1809, le milieu scientifique se passionne pour ce qu'on appelle la « pensée moléculaire », selon laquelle les matériaux sont composés de minuscules particules dont les mouvements permanents peuvent expliquer à peu près tous les phénomènes physiques... Notamment la vibration des surfaces élastiques.

Sophie ne sait pas non plus que Laplace, le principal organisateur du concours, n'est autre que le chef de file de cette nouvelle approche scientifique. Le mathématicien est un homme de pouvoir qui a beaucoup d'influence sur la communauté scientifique. Il est déterminé à ce que ce soit l'un de ses protégés, Siméon Denis Poisson, qui remporte ce concours grâce à la pensée moléculaire. Quel joli coup de pub cela ferait !

Mais voilà qu'un autre grand mathématicien douche les ardeurs des compétiteurs. À la lecture du sujet, Lagrange* décrète qu'en l'état actuel des connaissances il est impossible de répondre à la question posée. Si le maître des équations différentielles le dit, alors, il est inutile d'insister... Tous les scientifiques intéressés par le

* Laplace, Lagrange, et dans quelques instants, Legendre ! Avouez qu'une chatte n'y retrouverait pas ses petits avec tous ces noms de grands mathématiciens qui se ressemblent. Pour rappel, Laplace est le chef de file de la pensée moléculaire, Lagrange est le spécialiste incontesté de l'analyse mathématique ; professeur à Polytechnique, c'est lui qui a découvert Sophie. Legendre est le spécialiste français de la théorie des nombres, lui aussi guide et mentor de la jeune femme et plus tard son ami.

concours, Poisson comme les autres, se découragent et jettent l'éponge avant même d'avoir commencé.

Au moment où Sophie décide de se lancer dans la compétition, elle ne sait rien de cette vague de renoncements. Comment le pourrait-elle ? Elle travaille chez elle, en vase clos, loin des cercles et des réseaux, coupée des informations que les scientifiques passent leur temps à s'échanger entre eux.

Pour une fois, cet isolement forcé va tourner à son avantage. Elle ne subit aucune influence, n'adhère à aucun des courants qui agitent la communauté scientifique. Elle est libre de suivre son intuition, de creuser son hypothèse, même si elle n'est pas au goût du jour. Elle est libre de n'en faire qu'à sa tête.

Legendre à la rescousse

Sophie se jette dans la bataille comme un vaillant petit soldat, sans se douter des montagnes de problèmes qui se profilent à l'horizon. Avant de travailler sur son hypothèse, il lui faut maîtriser le sujet, lire les anciens, d'Alembert, et bien sûr Euler, qui sont parvenus à modéliser les cordes vibratoires. Elle s'y consacre avec enthousiasme. Arrivée aux équations différentielles d'Euler, voilà qu'elle cale et réalise qu'elle a besoin d'aide si elle veut espérer rendre son mémoire à temps.

C'est Legendre, l'un de ses mentors, qui va lui apporter son soutien. Le spécialiste français de la théorie des nombres ne connaît rien au sujet, mais c'est un brillant mathématicien. Il est surtout patient. Extrêmement patient. Heureusement pour lui, car Sophie ne va pas le lâcher. Elle l'inonde de lettres et de notes de travail ; il répond à tout et en détail avec force calculs et équations.

Il l'encourage à suivre son idée et à foncer.

Mais la course semble perdue d'avance. Les délais sont trop courts. Sophie ne peut répondre aussi bien qu'elle le souhaiterait à la question posée, et il lui est matériellement impossible de réaliser les expériences demandées. À quelques jours de la date limite, elle hésite à envoyer un mémoire incomplet, forcément.

C'est encore Legendre qui va l'inciter à poster son travail. Que risque-t-elle puisque les copies sont anonymes ? Et puis, elle aurait tort de renoncer, car elle dispose désormais d'un allié dans la place. Le mathématicien vient d'être nommé membre du jury chargé d'examiner les travaux des candidats. Il est en mesure de lui apprendre qu'elle est la seule à concourir. L'Académie n'a reçu aucun autre mémoire à l'exception du sien, qui va maintenant circuler de main en main entre les cinq jurés.

Quelques semaines plus tard, il lui annonce par écrit la mauvaise nouvelle. L'équation finale donnée par Sophie comporte une erreur, débusquée, évidemment, par l'implacable Lagrange. L'analyste a corrigé l'équation et en a informé ses confrères. Dans ces conditions, il est clair que Sophie ne peut recevoir le prix. Faute de vainqueur, l'Académie, décide de remettre le sujet au concours pour octobre 1813.

À votre avis, comment réagit la candidate ?

Un Grand Prix extraordinaire des surfaces élastiques qui s'étiiiiiiire en longueur

Elle semble plus motivée que jamais. L'intervention de Lagrange sur son équation, loin de l'affaiblir, lui a donné des ailes. N'avait-elle pas raison d'y croire envers et contre tous ? Son hypothèse est la bonne, et son équation, grâce à Lagrange, l'est désormais tout autant.

Elle peut se consacrer à tout le reste.

Quel reste ?

Oh ! trois fois rien.

Il lui faut mener à bien sa démonstration, tracer un chemin parfaitement balisé qui part de l'hypothèse et arrive jusqu'à l'équation finale via des pages et des pages de calculs.

Dans le même temps, elle va devoir confronter sa théorie à la pratique, vérifier grâce à des expériences que son modèle mathématique fonctionne correctement sur les plaques vibrantes de Chladni.

On vous le disait : trois fois rien !

Sophie réunit un nouveau conseil de famille pour annoncer que le Grand Prix extraordinaire a été remis en jeu et qu'elle est toujours dans la course. Voilà pour la bonne nouvelle. Mais elle prévient que, pour réussir, elle va devoir transformer son cabinet de travail en laboratoire de physique. Ce qui risque d'entraîner quelques désagréments.

Quinze jours plus tard, ses parents, sa sœur et ses voisins assistent, intrigués, à un ballet de portefaix venus livrer des sacs de sable fin ainsi que des plaques de verre que Sophie a commandées chez un vitrier du quartier. Elle les a fait découper selon des indications très précises, avec une même épaisseur et des formes différentes. À les voir entreposées dans son cabinet, on se doute que la candidate n'a pas l'intention de se limiter aux plaques rondes et carrées de Chladni, mais de tester son modèle sur du triangulaire, de l'isocèle, du rectangulaire… partant du principe cher aux mathématiciens qu'une équation générale doit fonctionner dans tous les cas de figure, sans aucune exception, pour être validée.

Pendant des mois, ses proches supportent les miaulements de son archet frotté contre les plaques, les crincrins répétés sur tous les tons avant de trouver la note juste. Ils capitonnent la porte, fuient l'appartement, se fourrent de l'étoupe dans les oreilles et pensent très sérieusement qu'il vaut mieux être sourd que d'entendre ça.

Dans les périodes d'accalmie, ce sont les bizarreries de Sophie qui ne manquent pas de les inquiéter. Comme il lui arrive de rester enfermée dans son cabinet de travail, on lui apporte son repas sous cloche afin de le garder au chaud. Une cloche en métal ! Quelle aubaine ! Sophie voit aussitôt dans l'ustensile de cuisine une nouvelle surface élastique à faire vibrer. Elle se heurte aussitôt à un problème : la cloche oscille, mais le sable fin glisse le long de ses parois rebondies. Le lendemain, Sophie sort de sa tanière pour demander que l'on fasse le ménage de fond en comble et surtout, insiste-t-elle, qu'on lui apporte les chiffons utilisés à cet effet. Elle les secoue un à un au-dessus d'une feuille de papier, elle récolte ainsi un petit tas de poussière grise qu'elle souffle sur sa cloche bombée. La poussière tient juste ce qu'il faut, prête à s'agiter et à se déplacer au premier coup d'archet. Seule une femme pouvait avoir ce genre d'idée.

Sophie fait ainsi vibrer les murs de l'appartement familial pendant deux longues années avant d'envoyer à l'Académie des sciences son second mémoire, toujours sous pli anonyme. De nouveau, elle est la seule à concourir. Aucun autre mathématicien n'a osé se lancer dans la compétition, tant le problème posé reste terriblement difficile à résoudre.

Cette fois, est-ce la bonne ?

Patience.

Le jury se déclare très impressionné par la série d'expériences menées par Sophie, et la félicite comme elle le mérite, mais il n'est pas entièrement satisfait par sa démonstration. Bien qu'elle conduise à la bonne équation, l'analyse ne paraît pas suffisamment rigoureuse, ni totalement dans les clous. Le mémoire est gratifié d'une mention honorable mais n'est assorti d'aucun prix.

Le jury décide donc de remettre la question au concours, pour la troisième fois consécutive.

Quel poison, ce Poisson !

Inutile de préciser que Sophie remonte en selle aussitôt. Mais entre-temps, de nouveaux obstacles se sont dressés entre elle et le prix. Certes, elle souffre sans doute de son manque de formation académique. Elle ne connaît ni les usages, ni les codes, ni les protocoles enseignés dans les lieux de formation scientifique. Elle n'est pas dans le moule, et, sur certains aspects, on peut le lui reprocher. Mais il y a autre chose, cette fois. Comment pourrait-elle remporter ce concours alors que son principal rival fait partie du jury ?

Vous vous souvenez de Poisson, le jeune protégé de Laplace qui, en 1809, prévoyait de concourir et de défendre le camp de la pensée moléculaire avant d'y renoncer? Depuis, le mathématicien a fait du chemin. Et il l'a mené loin. Poisson est entré à l'Académie des sciences et a été chargé d'examiner les mémoires sur les surfaces élastiques en tant que nouveau juré. Il a donc lu celui de Sophie et, sans surprise, lui a donné un avis défavorable.

Bizarrement, cela ne l'a pas empêché de s'inspirer des notes de Sophie, ni d'y piocher certains résultats pour alimenter ses travaux personnels. Le 1er août 1814, lors d'une séance à l'Académie, il fait, comme si de rien n'était, une lecture publique de son propre mémoire sur les surfaces élastiques. Il n'y a que Legendre pour s'insurger et pointer le conflit d'intérêts.

Quelques mois plus tard, Poisson n'a pourtant aucun scrupule à publier un essai sur les surfaces élastiques dans lequel il bricole une démonstration pour arriver à la même équation que Sophie. Il continue d'affirmer que seule la pensée moléculaire peut expliquer les vibrations. (Il a tort, mais on ne le sait pas encore...)

Sophie fulmine. On la comprend. Mais cette épreuve lui apporte la hargne nécessaire pour venir à bout de son troisième mémoire. Elle travaille d'arrache-pied, justifie encore une fois son hypothèse, reprend toute sa démonstration, mène de nouvelles expériences sur des surfaces courbes, ajoute ces résultats à son catalogue déjà bien fourni. Et tant pis pour les oreilles de ses voisins!

Lorsque, enfin, elle envoie son mémoire, elle sait qu'il lui faudrait plusieurs années supplémentaires pour compléter ses expériences, mais elle sait aussi qu'elle est allée au bout de ce qu'elle pouvait faire avec les connaissances et les outils mathématiques à sa disposition. La suite lui donnera raison. Il faudra attendre dix ans avant que Navier et Cauchy élaborent les nouvelles méthodes de calcul sur les variations qui manquaient à Sophie, et vingt ans supplémentaires pour que le physicien Kirchhoff termine son travail et aboutisse à la bonne démonstration.

Que dit le jury, cette fois ?

Le mémoire de Sophie est couronné de succès ! Le prix lui est enfin attribué, et elle devient la première femme à obtenir une récompense de l'Académie des sciences.

C'est un événement.

Journalistes, savants, curieux s'arrachent les places pour assister à la remise du Grand Prix extraordinaire et découvrir celle que la presse qualifie, selon une formule bien choisie, de « virtuose d'un genre nouveau ». Le 8 janvier 1816, la salle de réception de l'Institut de France est pleine à craquer. L'assistance bruisse d'impatience en attendant que les membres du jury s'installent à la tribune. Il faut encore quelques minutes avant que l'excitation retombe. La séance est ouverte. Le Grand Prix extraordinaire annoncé. Et puis… rien ne se passe. On tourne la tête de tous côtés, mais il n'y a pas de Mlle Germain pour le recevoir. Sophie n'est pas venue.

Le brouhaha est immense autant que la déception. Un journaliste se lève. Peut-on savoir pourquoi Mlle Germain n'assiste pas à la remise de son prix ? Le jury est bien embarrassé pour répondre. L'astronome Delambre, secrétaire de l'Institut, qui plonge le nez dans ses papiers, semble encore plus gêné que les autres. Il a de quoi. Il a tout simplement oublié d'envoyer à Sophie Germain, la principale intéressée, ses cartons d'invitation. Il s'en est aperçu la veille, lui a fait parvenir en catastrophe deux misérables billets, tout ce qu'il lui restait. Un pour la gagnante du concours, c'est bien le moins, un autre pour l'invité de son choix, c'est bien peu. Il lui a promis de rédiger quelques billets à la main, si nécessaire.

Mais le mal est fait. Après six années de travail acharné, Sophie espérait sans doute un peu plus de considération de la part de l'Institut de France. Pour la lauréate, la fête est définitivement gâchée.

Au dernier moment, elle décide de ne pas se rendre à la remise de son Grand Prix selon le principe, peu souvent cité, que les absents n'ont pas toujours tous les torts.

Pour une fois qu'elle avait l'occasion de sortir de l'anonymat et de se présenter sous son véritable nom ! Il y a de quoi rager, vous ne trouvez pas ?

58.
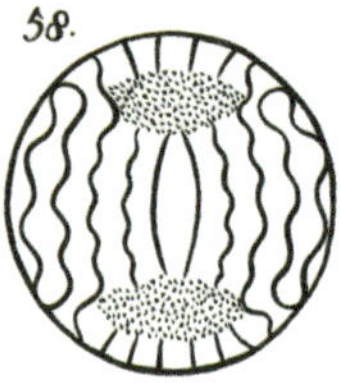

30.
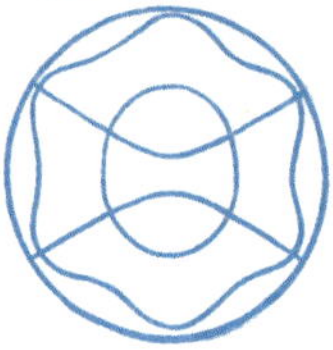

141.
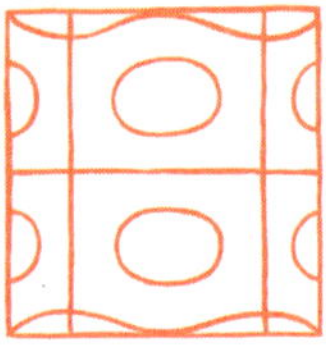

129. a
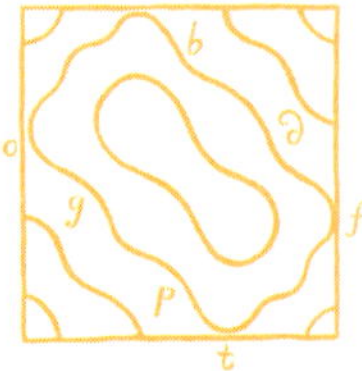

49.
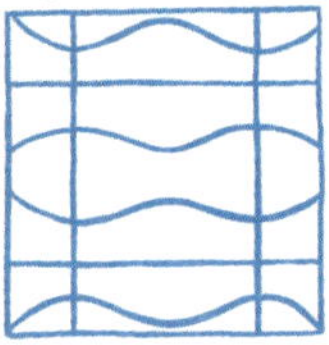

129. a

128.

3.
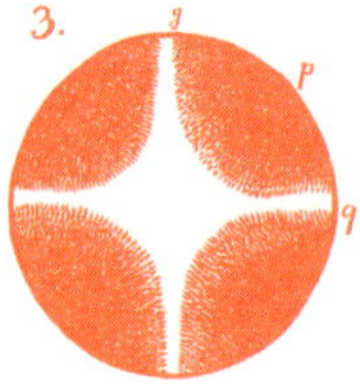

3.
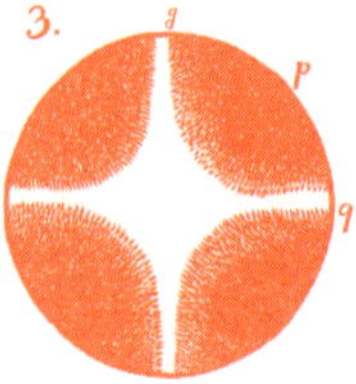

58.
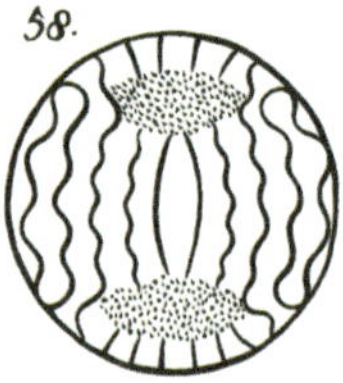

141.
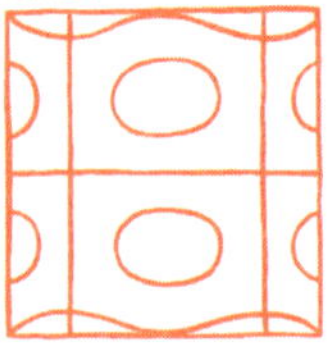

49.
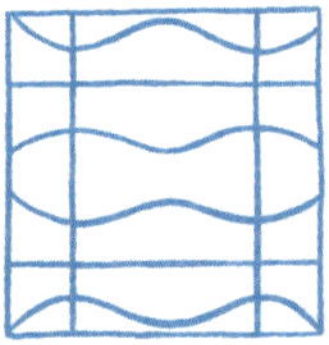

129. a

30.
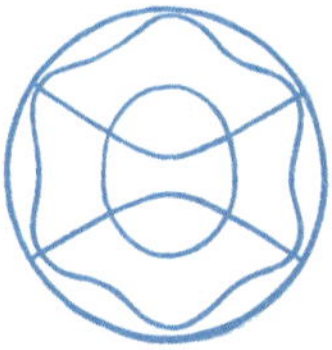

49.
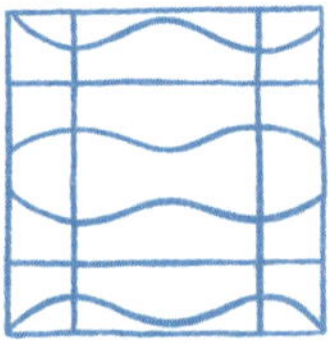

129. a
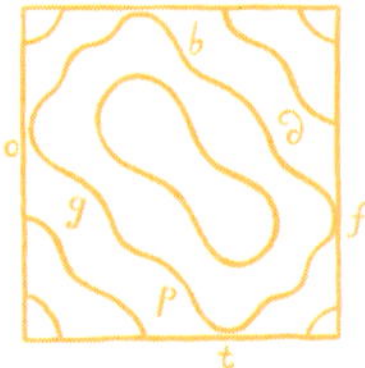

141.
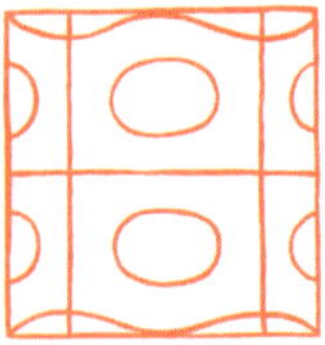

3.
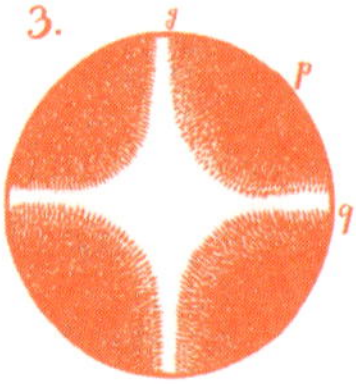

58.
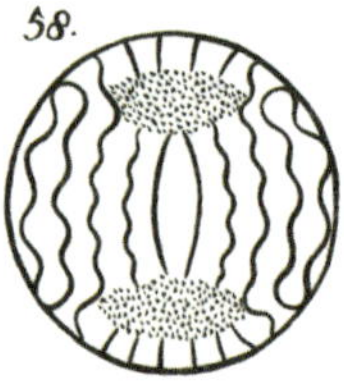

49.
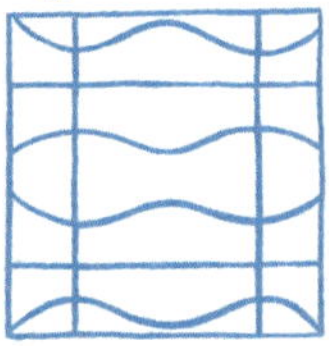

128.

49.
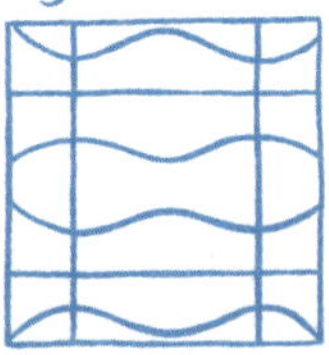

129. a
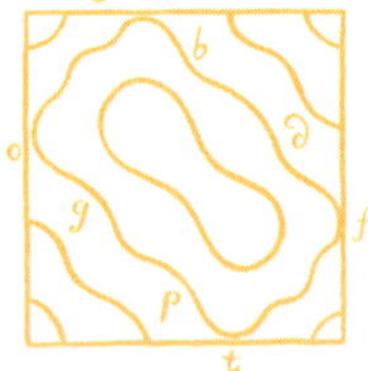

58.
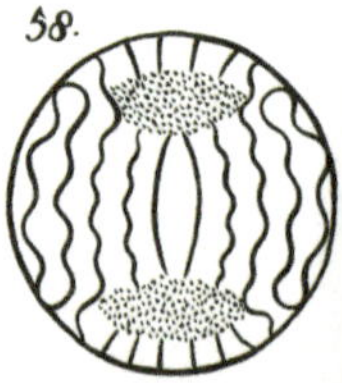

Nous autres peuples d'Occident, nous avons tout gâté en traitant les femmes trop bien. Elles ne doivent pas être regardées comme les égales des hommes, et ne sont, en réalité, que des machines à faire des enfants. Il vaut mieux qu'elles travaillent de l'aiguille que de la langue.

Napoléon Bonaparte,

empereur des Français et des Françaises.

Relations

Au 13, rue de Savoie

Un peu échevelée, Sophie virevolte au milieu des déménageurs. D'un geste décidé, elle fait disposer les caisses en bois qui ne cessent d'arriver selon leur destination, vers la chambre ou le cabinet de travail, les deux pièces principales de son nouvel appartement. Avant même le grand déballage, elle a demandé que l'on installe sans tarder la bibliothèque de son père dont elle a hérité. Elle piaffe à l'idée d'y ranger tous ses livres. Elle hésite encore sur la manière dont elle les classera. Par ordre alphabétique ? Par éditeur ? Par thématique ? Physique, biologie, chimie, philosophie et, bien sûr, mathématiques ? Une chose est certaine, elle a prévu d'accorder une place toute spéciale à ses amis fidèles, aux compagnons de toute une vie :

- son Bézout en cinq volumes, tout disloqué à force d'être manipulé ;
- le Montucla, qui, en 1789, a révolutionné sa destinée ;
- les ouvrages de Gauss dont elle est toujours sans nouvelles ;
- les livres de ses mentors, Legendre en tête, mais aussi Lagrange et Cousin, qui entre-temps sont morts ;
- et bien sûr le sien, son mémoire de 1821, *Recherches sur la théorie des surfaces élastiques*, signé Sophie Germain.

Mais est-ce vraiment le moment de penser à ranger ces vieux livres alors qu'arrive le mobilier ?

Ce fauteuil confortable a déjà une place toute trouvée. Qu'on le mette ici, près de la cheminée ! Sophie le destine à son ami Fourier, si frissonnant, si fiévreux au moindre coup de vent qu'elle prévoit d'y disposer une couverture supplémentaire pour ne pas le voir claquer des dents. Cette chaise joliment tournée qui appartenait à sa mère ? Qu'on la mette par là, à côté de la bibliothèque. C'est le siège qu'elle réserve à son jeune ami Libri. Est-ce dû au nom qu'il porte* ? Ce garçon ne trouve son bonheur qu'à proximité des vieux livres.

* *Liber, libri*, qui signifie « aubier » en latin, a donné le mot « livre ».

Cette table et son écritoire ? Qu'on les dispose pour l'instant près de la fenêtre. Sophie, dont la vue baisse, a besoin de lumière pour rédiger son prochain article sur les surfaces élastiques.

Ces kilos de notes sur le théorème de Fermat ? Ici, sur cette commode. Quand elle aura remis la main sur sa médaille d'Archimède, elle la posera à côté, pas trop en évidence, mais un peu quand même.

La garde-robe ? Les ustensiles de cuisine ?

Ah, ça ? Elle balaie l'espace de la main. Il n'y a qu'à les poser où l'on trouvera de la place. La nouvelle maîtresse de maison s'en fiche comme de ses premières aiguilles à tricoter.

À près de cinquante ans, Sophie vient de faire le grand saut. Elle s'apprête à vivre seule, dans un logement à elle, et rien qu'à elle. La veille encore, elle habitait chez sa petite sœur, dans un somptueux immeuble du quartier du Marais, rue de Braque, au numéro quatre. Peu après leur mariage, Angélique et son époux, le célèbre médecin et explorateur Geoffroy de Villeneuve, ont proposé à M. et Mme Germain de s'installer avec eux dans leur belle demeure. Sophie a suivi le mouvement, sans que cela entraîne de discussion. Comment pouvait-il en être autrement puisque, étant célibataire et sans revenus, elle a toujours vécu chez ses parents ? Après leur décès, Sophie est restée chez sa sœur quelques mois encore. Elle se trouvait à la croisée des chemins, fallait-il partir ou rester ?

C'est alors qu'elle a entendu parler d'un petit appartement à louer rue de Savoie, de l'autre côté la Seine. Mais elle a calculé que sa part d'héritage lui permettrait de vivre tranquillement de ses rentes et qu'elle aurait encore les moyens de prendre à son service une domestique aguerrie. C'était une condition de recrutement indispensable, car elle-même n'a jamais appris à gérer un intérieur. Il n'y avait plus qu'à sauter le pas… de la porte.

Célibattante

À la tombée de la nuit, la première qu'elle s'apprête à vivre hors du nid, que ressent Sophie une fois seule, au milieu de ses caisses de livres, sans parents, ni sœur, ni époux, ni enfant pour partager cette nouvelle existence ? A-t-elle des regrets ? Pense-t-elle alors qu'elle aurait pu faire quelque effort pour se trouver un mari ? Fonder une famille ?

Pas le moins du monde. Si d'aventure elle s'était mariée, soyez sûrs que son époux lui aurait interdit de faire des mathématiques. Connaissant Sophie comme vous la connaissez désormais, vous pensez qu'elle aurait résisté. Sans doute. Mais elle aurait fini par lui obéir, conformément à la loi. Bien obligée !

La faute à Napoléon.

Depuis 1804, et le nouveau Code civil promulgué par l'Empereur, la femme française a perdu le peu d'autonomie que la Révolution lui avait accordé. Le fameux Code Napoléon la considère comme une mineure juridiquement incapable et la place sa vie durant sous l'autorité d'un homme. D'abord le père, puis le mari à qui elle promet obéissance lors du mariage. En échange, l'époux s'engage à veiller sur elle. Notez qu'il a beau jeu de se placer en protecteur, vu que tout est organisé pour la rendre fragile et vulnérable. Comment une femme pourrait-elle obtenir une once d'indépendance avec toutes les interdictions qui s'abattent sur elle ?

Interdiction de travailler sans l'autorisation écrite du mari,
Interdiction de toucher elle-même un salaire,
Interdiction d'ouvrir un compte bancaire sans autorisation,
Interdiction d'accéder aux lycées et aux universités,
Interdiction de gérer ses propres biens et encore moins les biens communs,
Interdiction de signer un contrat,
Interdiction de voyager à l'étranger sans autorisation,
Contrôle du mari sur la correspondance et les relations de son épouse.

Cela vous choque ? Attendez la meilleure. Il faudra

patienter jusqu'en 1965 et la génération de vos grands-mères pour que les femmes puissent travailler sans l'autorisation de leur mari et disposer d'un compte en banque à leur nom.

Avec de telles entraves, Sophie a toutes les raisons de se féliciter de ne point s'être mariée. Comme elle est célibataire et surtout majeure, le législateur n'a pas d'autre choix en effet que de la considérer comme « civilement capable » :

Juridiquement, elle peut donc faire des mathématiques sans avoir de comptes à rendre.

Économiquement, elle dispose de l'aide financière de ses parents.

Socialement, sa notoriété de mathématicienne la met à l'abri des cancans qu'affronte toute femme vivant seule.

Pour toutes ces raisons, Sophie Germain semble plus libre qu'une femme mariée et ne se prive pas d'en profiter. Sitôt ses caisses déballées, elle s'empresse d'envoyer une invitation à dîner à deux de ses meilleurs amis.

Pendaison de crémaillère

Le premier arrivé est Joseph Fourier. Il a l'air énorme ainsi, mais ne vous y fiez pas, une fois qu'il aura enlevé les trois gros manteaux qu'il enfile l'un sur l'autre par tous les temps, il vous paraîtra bien plus frêle. Cet homme chaleureux comme pas deux est obsédé par le froid au point d'en avoir fait le combat de sa vie. Fourier a raconté mille fois comment il a été victime d'un choc thermique. C'est arrivé à son retour d'Égypte, où il était resté trois longues années avec tout un contingent de scientifiques français. À peine le mathématicien était-il rentré à Paris que Napoléon n'avait rien trouvé de mieux que de le nommer en plein hiver préfet de l'Isère. Autant l'envoyer dans une glacière ! Fourier avait subi de plein fouet un chaud-froid dont il ne s'était jamais remis. Bientôt, il n'avait plus eu qu'une obsession : se réchauffer. Il avait tellement réfléchi à la manière de maintenir la bonne température dans les pièces de sa préfecture qu'il en avait fait son sujet de recherche.

En quelques années, Fourier est devenu le plus grand spécialiste « de la propagation de la chaleur et de la manière de la conserver ». C'est à ce titre que Sophie l'a rencontré. Est-ce en parlant des cordes vibratoires que les deux chercheurs se sont liés d'amitié ? On ne sait. Ces liens se sont vite resserrés lorsqu'ils se sont découvert des points et surtout un ennemi communs. Comme Sophie, Fourier a eu du mal à convaincre l'Académie des sciences de la validité de son travail. Et tout comme elle, il a constaté que Poisson lui avait « emprunté » plusieurs de ses résultats pour étayer ses « propres » travaux sur la chaleur. De quoi le refroidir, en effet.

Le second invité est tout l'opposé du premier. Jeune, fringant et plein de santé, Guillaume Libri, ou plutôt *Guglielmo Brutus Icilius Timeleone Libri-Carucci dalla Sommaja, « comte d'Etc. »*, comme aime l'appeler Sophie pour le taquiner, est un authentique comte italien et un excellent mathématicien. Ce soir, il n'est pas venu les mains vides. Ce fouineur de bibliothèque leur a apporté sa dernière trouvaille. Un manuscrit en latin signé d'un mathématicien italien du XIIIe siècle dont on ne sait presque rien, si ce n'est qu'il se prénomme Leonardo, qu'il est originaire de Pise, qu'il utilise parfois le surnom de « Fibonacci » et qu'il aime les casse-tête algébriques. À ces mots, les yeux de Sophie pétillent comme ceux d'une petite fille. Libri a réussi son coup. Il énonce le problème : *« Un homme enferme un couple de lapins dans un enclos. Sachant qu'un couple de lapins engendre un autre couple chaque mois qui procrée à son tour au bout de deux mois de vie, combien de couples de lapins y aura-t-il à la fin de l'année ? »*

Aussitôt, Sophie et Fourier se prêtent au jeu. Elle prend une plume et du papier, il fixe les nervures de la table d'un air concentré. Chacun cherche de son côté. Soudain, tous deux relèvent la tête, se regardent en souriant et lancent simultanément : 233 !

Libri applaudit. Il égrène à voix haute une série de nombres, 0, 1, 1, 2, 3, 5, 8, 13, 21, 34… (vous pouvez deviner la suite), jusqu'à 233. Ce sont les mêmes que Sophie a inscrits sur sa feuille, les mêmes que Fibonacci a découverts il y a plus de six siècles et dont il a montré la succession logique*! On porte un toast au mathématicien italien et à son fabuleux « coup du lapin ». Devinant que cette suite de nombres recèle des propriétés insoupçonnées, Sophie recommande à Libri d'écrire sur le sujet.

La bonne paire de chromosomes

Un conseil d'amie qui sera suivi d'effet... Comme tous ceux qu'elle a prodigués à Libri depuis qu'elle l'a pris sous son aile. Aujourd'hui, elle doit admettre que son protégé a déployé les siennes et qu'il n'a plus besoin d'elle. Libri est entré sans peine dans le cercle des mathématiciens qu'elle-même a tant de mal à rencontrer. C'est lui désormais qui l'informe et lui apporte les nouvelles scientifiques du moment. Idem pour Fourier. Malgré des débuts plutôt froids, le spécialiste de la chaleur est entré à l'Académie des sciences, il en est même devenu le secrétaire perpétuel, un peu grâce à Sophie, qui l'a recommandé auprès de ses relations. Sitôt élu, Fourier s'est empressé d'envoyer à son amie et alliée un billet lui permettant d'assister aux séances de la glorieuse institution.

* La suite de Fibonacci (0, 1, 1, 2, 3, 5, 8, 13, 21...) consiste à additionner le premier nombre avec le deuxième, le deuxième avec le troisième, le troisième avec le quatrième, etc. On arrive à 233. Faites le test! Libri fera connaître cette suite particulière de nombres dans son *Histoire des mathématiques*, publiée en 1838.

Ne vous réjouissez pas trop. Il ne s'agit que de séances publiques et Sophie Germain n'est qu'auditrice, mais elle est la première femme mathématicienne à bénéficier de ce privilège (que l'on accordait jusqu'alors aux épouses d'académiciens, qui n'en profitaient guère...).

Il faut se rendre à l'évidence, Fourier et Libri ont fait carrière, alors que Sophie est restée loin derrière.

Car elle a eu beau faire, décrocher un Grand Prix extraordinaire, assister aux séances de l'Académie des sciences, envoyer ses mémoires à ses confrères, demander leur avis, elle n'a toujours pas obtenu la reconnaissance de ses pairs. Au mieux, ils la remercient de leur avoir adressé son essai, au pire, ils l'ignorent. C'est le cas de Poisson. Bien qu'elle le sollicite à plusieurs reprises, il ne se donnera jamais la peine de débattre avec elle des surfaces élastiques et s'efforcera de la déconsidérer auprès de ses confrères.

Dans les mauvais jours, Sophie se désole de se sentir *« presque aussi étrangère au mouvement des sciences que si [elle] habitait un autre pays »*... Ainsi, elle apprend par hasard que Savart, l'un des spécialistes de l'acoustique, est à Paris pour présenter ses nouvelles expériences. Elle n'en a même pas été informée, alors qu'elle travaille sur ce sujet! *« Il montre ses travaux à des gens qui n'en peuvent tirer aucun parti. Ces faits sont de mon domaine et c'est à moi seule qu'ils restent cachés. Voilà le privilège des dames : elles obtiennent des compliments et aucun avantage réel »*, se plaint-elle dans une lettre adressée à son ami Libri.

Marginalisée, elle se réfugie dans son chez-soi rue de Savoie. Elle sort peu, travaille beaucoup et s'attelle avec ardeur au dernier défi lancé par l'Académie des sciences. Une chance pour elle, le nouveau Grand Prix extraordinaire porte cette fois sur le théorème de Fermat*, auquel elle n'a jamais cessé de penser.

Retour aux sources

Petit rappel. Depuis que Fermat a affirmé, sans fournir de preuve, que l'équation $x^n + y^n = z^n$ n'a pas de solution si l'exposant n est plus grand que 2, les mathématiciens tentent depuis deux siècles de prouver qu'il a raison. Fermat et Euler ont déjà démontré que l'équation ne fonctionnait pas pour $n = 4$ ni pour $n = 3$, Legendre ne va par tarder à faire de même quand $n = 5$. Mais à ce rythme-là...

Plutôt que de travailler au cas par cas comme ses confrères, Sophie choisit de considérer le problème dans son ensemble et de lancer un plan d'attaque général. D'après de nouvelles notes de travail découvertes

* Cf. Annexe.

récemment, il semblerait qu'elle ait élaboré un programme de recherche sophistiqué et totalement original pour l'époque, s'appuyant sur de nouveaux outils mathématiques, utilisant ses connaissances approfondies des travaux de Gauss qu'elle est toujours l'une des rares à maîtriser.

Personne, même pas son ami Legendre, qui planche sur le même sujet, ne semble être au courant de ce qui se trame dans son cabinet de travail. Sophie ne dit rien. Sophie ne publie rien. Et c'est bien dommage. Selon les spécialistes, le grand plan de Sophie Germain, même s'il échoue à résoudre l'équation générale du théorème de Fermat (il ne sera démontré qu'en 1994 par Wiles, rappelons-le), aurait permis de faire un énorme bond en avant et de gagner trente ans de recherche sur la théorie des nombres.

Tout n'est pas perdu pour autant. Chemin faisant, Sophie découvre un nouveau théorème et parvient à démontrer l'impossibilité de l'équation de Fermat pour toute une famille de nombres premiers, appelés depuis « les nombres premiers de Sophie Germain* ». Legendre mentionne ses découvertes en termes élogieux dans l'un de ses ouvrages.

* Il s'agit d'un nombre premier « n » dont « 2n + 1 » est également premier. Par exemple 2 (4 + 1 = 5), 3 (6 + 1 = 7), 5 (10 + 1 = 11)… Elle démontre que le théorème de Fermat est vrai si « n » est un nombre premier de Germain et si « x », « y », « z » ne sont pas des multiples de « n ».

« Cette démonstration, qu'on trouvera sans doute très ingénieuse, est due à Mlle Sophie Germain, qui cultive avec succès les sciences physiques et mathématiques, comme le prouve le prix qu'elle a remporté à l'Académie sur les vibrations des lames élastiques. »

Et voilà le nom de Sophie Germain entré dans la postérité grâce à une simple note en bas de page, alors que ses travaux tenus secrets déploient un plan de recherche d'une tout autre envergure. En ressent-elle de la frustration ? Elle n'en a cure. Sophie Germain ne pense guère à sa réputation, qu'elle appelle « la gloire des bourgeois », ou encore « la petite place que nous occupons dans le cerveau d'autrui ». Pour elle, seule la science compte. Et le travail.

Entre 1820 et 1830, Sophie Germain planche sur le théorème de Fermat, découvre un théorème qui porte son nom, publie plusieurs articles et mémoires sur les surfaces élastiques, et trouve encore le temps de rédiger un traité philosophique, fort bien écrit, intitulé : *Considérations générales sur l'état des sciences et des lettres, aux différentes époques de leur culture.*

Elle se démène sur tous les fronts comme s'il n'y avait plus de temps à perdre. Car elle le devine, il lui en reste peu.

Révolution, encore une !

Accoudée à la fenêtre de son cabinet de travail, Sophie prend l'air en même temps que la température ambiante. À n'en pas douter, les Parisiens semblent agités en ces derniers jours de juillet, des grappes d'hommes et de femmes énervés, des «Vive la Charte ! », «À bas les Bourbons ! » lancés depuis l'entrée des cafés, des enfants qui tourbillonnent d'un groupe à l'autre comme des mouches... Ah, çà ! Charles X a mis le feu aux poudres avec ses ordonnances. Il pensait mater les députés, bâillonner les journalistes, il n'a fait qu'enrager les Parisiens.

Au loin, elle entend des cavalcades, des cris.

Soudain, des coups de feu et tout le monde déguerpit.

Un temps. Puis l'agitation reprend.

À l'angle de la rue Saint-André-des-Arts, Sophie voit des étudiants de Polytechnique sanglés dans leur bel uniforme* passer en trombe. Elle se surprend à suivre des yeux un petit brun au visage rond qui lui rappelle vaguement Antoine Augustin.

* Pour reprendre en main des élèves souvent indisciplinés et politisés, Napoléon Ier avait imposé à Polytechnique un statut militaire et transformé l'école en caserne.

On cherche des armes et de quoi monter des barricades. De l'église Saint-Sulpice, on entend sonner le tocsin.

Pour Sophie, aucun doute, une nouvelle révolution est en marche. N'est-elle pas experte en ce domaine ?

Elle sait très bien ce qu'elle a à faire, elle referme sa fenêtre, se replie dans son cabinet et s'installe à sa table de travail.

Elle se revoit à treize ans, avec le Montucla de son père bien à plat et grand ouvert devant elle. Ce jour-là, elle ne comprend rien aux phrases qui dansent devant ses yeux, mais quelques pages encore, et l'histoire d'Archimède va capter son attention et changer sa destinée. Toute à ses souvenirs, Sophie sourit à l'adolescente qu'elle était, attendrie par l'acharnement dont elle faisait déjà preuve, cette qualité première qui fera d'elle une excellente mathématicienne.

Elle sort de sa rêverie, masse ses tempes douloureuses et se replonge dans ses notes.

Elle entend au loin de nouvelles détonations, les sabots des chevaux qui claquent sur le pavé, puis plus rien.

En ce 26 juillet 1830, à l'aube de la révolution des Trois Glorieuses, tout n'est qu'ordre, calme et… mathématiques.

58.
30.
141.
129. a b ∂ o g f p t
49.
129. a b ∂ o g f p t
128.
3. g p q
3. g p q
58.
141.
49.
129. a b ∂ o g f p t
30.
49.
129. a b ∂ o g f p t
141.
3. g p q
58.
49.
128.
49.
129. a b ∂ o g f p t
58.

Il faut en faire l'aveu pénible. Tandis que tant de femmes ont trouvé la célébrité dans les écrits frivoles, la seule femme française qui ait réussi dans les travaux sévères, estimée des géomètres, [...] est à peine connue du public.

Hippolyte Stupuy,
Étude sur la vie et les œuvres de Sophie Germain,
en introduction de la nouvelle édition
des *Œuvres philosophiques de Sophie Germain* de 1896.

Après

Un an plus tard, Sophie Germain meurt comme elle avait vécu, en catimini, discrètement et sans tapage, la nuit du 27 juin 1831. Elle a cinquante-cinq ans.

Un cancer du sein la rongeait depuis des mois. Elle n'en disait rien, sortait de moins en moins, et lorsqu'elle était au plus mal, refusait les visites. Dans ses moments de souffrance extrême, Sophie s'inquiétait surtout de ne pouvoir faire de mathématiques. Elle en était physiquement et intellectuellement incapable.

Elle ne meurt pas seule, mais entourée des siens. Son

neveu, Armand-Jacques Lherbette, l'accompagne jusqu'au bout. Il signe le certificat de décès qui la présente comme une simple rentière. Dans les heures qui suivent, il fait réaliser un moulage du crâne de sa tante, une pratique répandue au XIXe siècle qui se pique de phrénologie*. La figure en plâtre de Sophie Germain, qui est toujours exposée au musée de l'Homme à Paris, est la seule représentation fidèle que nous ayons d'elle. La plupart des portraits qui circulent actuellement sur internet sont purement imaginaires, ou carrément « empruntés » à d'autres femmes scientifiques. Il arrive ainsi que Sophie Germain ressemble trait pour trait à ses consœurs Emmy Noether et Sofia Kovalevskaïa, voire à la blonde d'origine polonaise, Marie Curie…

Sophie Germain est enterrée au cimetière du Père-Lachaise, à Paris. Si vous lui rendez visite, préparez-vous à tournicoter un bon moment dans la division 16 avant de repérer sa tombe. Elle est entièrement cachée par un marronnier indélicat qui s'est invité là, a pris racine dans la terre et s'est déployé au fil des années, juste devant la stèle. Vous constaterez alors que l'inscription simple et modeste gravée dans la pierre ne mentionne toujours pas son statut de mathématicienne.

* C'est l'étude du caractère d'un individu d'après la forme de son crâne. Le mythe de la bosse des maths est né à cette époque.

Après sa mort, ses proches vont pourtant se mobiliser pour défendre sa mémoire et sa réputation de scientifique. Le neveu se charge de faire publier ses *Considérations générales sur l'état des sciences et des lettres, aux différentes époques de leur culture*. Le texte aura beaucoup d'effet sur Auguste Comte, célèbre philosophe et père du positivisme. L'ami Libri, de retour à Paris, rafle tous ses papiers personnels, évitant ainsi que ses manuscrits originaux, sa correspondance avec Gauss et ses notes de travail finissent jetés ou brûlés. Un an plus tard, grâce à ces documents et aux confidences que Sophie lui a faites, il publie un long portrait de son amie dans le *Journal des débats*. Le peu que nous connaissons de la vie de Sophie Germain, c'est à Libri que nous le devons.

Même Gauss, le précieux correspondant resté silencieux trop longtemps, finit par se réveiller. Mais bien trop tard. En 1830, il propose que Sophie Germain soit nommée *docteur honoris causa* de l'université de Göttingen, un titre prestigieux qu'elle n'aura pas le temps de recevoir avant sa mort.

Rien n'y fait, cependant. Malgré son prix et un théorème qui porte son nom, ses contemporains ne tardent pas à l'oublier tout à fait. Très vite, Sophie Germain disparaît des publications sur les surfaces élastiques, alors que c'est elle qui a ouvert la voie et indiqué la bonne marche aux générations futures. Lesquelles se montreront bien ingrates. En 1889, Gustave Eiffel fait inscrire sur sa fameuse tour d'acier les noms de 72 savants, parmi les plus marquants depuis la Révolution française. Il choisit de rendre un hommage tout particulier aux physiciens dont les recherches lui ont permis d'ériger cette tour Eiffel qui par grand vent tangue et vibre comme un élastique. Vous aurez deviné que le nom de Sophie Germain n'y figure pas, ni celui d'aucune femme, d'ailleurs. Mais on peut y lire ceux de Cauchy, Navier, qui travailleront sur le sujet, et même celui de Poisson !

À la fin du XIXe siècle, on sort brièvement Sophie de son placard pour la simple raison que l'on a besoin d'elle. La République s'est décidée à créer des écoles supérieures pour les filles et manque de modèles féminins à proposer à ses étudiantes d'un « genre nouveau ». On donne son nom à l'une des rues de la capitale, ainsi qu'à un établissement scolaire, l'actuel lycée Sophie-Germain, situé dans le quartier du Marais, à Paris. Une plaque qui la présente enfin comme une philosophe et mathématicienne est apposée sur l'immeuble rue de Savoie où elle a vécu la dernière période de sa vie.

Puis plus rien. Rien de rien. Jusqu'à ces dernières années.

On reparle d'elle au moment où l'on commence à

s'intéresser d'un peu plus près à la place des femmes dans l'histoire des sciences. On découvre que la plupart de ces scientifiques, comme Sophie Germain, ont été oubliées, éclipsées, zappées, alors qu'elles ont contribué à la marche du progrès au même titre que les hommes de sciences. Cela va même plus loin. On s'aperçoit que leurs découvertes ont été attribuées à leurs collègues masculins (plus visibles et plus influents).

C'est le cas de l'astrophysicienne Jocelyn Bell. Elle a été la première au monde à identifier un pulsar. Et devinez qui en a profité ? Son directeur de thèse, dont la carrière a été boostée. Il a même reçu un prix Nobel sans songer à y associer sa brillante étudiante.

C'est aussi le cas de Marthe Gautier, découvreuse « oubliée » de la trisomie 21. Son nom, mal orthographié par-dessus le marché, a vite disparu des publications de son confrère Jérôme Lejeune qui s'est attribué un peu vite le travail de sa voisine de labo. Milena Einstein, Lisa Meitner, Rosalind Franklin… tant d'autres n'ont pas eu la reconnaissance qu'elles méritaient. En 1993, l'historienne des sciences Margaret Rossiter a théorisé le phénomène qui consiste à minimiser la contribution des femmes scientifiques sous le nom d'« effet Matilda ».

D'autres mécanismes ont lourdement pesé sur la carrière de Sophie Germain. Tout au long de son parcours, elle a été en butte à ce qu'on appelle les stéréotypes liés au genre. Un phénomène vieux comme le monde, qui consiste à projeter sur les garçons et les filles des comportements et des compétences qui seraient spécifiques à chaque genre. « Les garçons sont moins sensibles que les filles » ou « les filles ne sont pas faites pour les maths » sont des refrains que vous avez déjà entendus. Notez bien que ces croyances, sans aucun fondement biologique (eh oui ! nous avons tous et toutes le même cerveau…), sont si bien intégrées que les filles en arrivent à douter de leurs propres capacités à faire des maths. Et gare à celles qui décident d'aller contre ces préjugés ! Elles se préparent une vie mille fois plus compliquée que si elles s'y pliaient. C'est le choix de Sophie, qui n'a jamais cessé de batailler. À sa manière, souvent par des voies détournées.

Afin d'éviter que les jugements portés sur son travail soient faussés, « biaisés » simplement parce qu'elle est une femme, Sophie n'a eu d'autre solution que d'avancer masquée. Elle s'est dissimulée derrière une identité masculine puis s'est arrangée pour participer à un concours de manière anonyme, qu'elle a remporté. C'est ainsi qu'elle est devenue « la femme cachée des mathématiques »…

Il est temps pour elle d'entrer dans la lumière, d'être reconnue comme une mathématicienne à part entière mais aussi comme la première femme scientifique à s'être imposée dans un univers exclusivement masculin. Maintenant que vous la connaissez bien, vous savez qu'elle aurait détesté qu'on mette en avant sa singularité de femme et qu'on l'érige en modèle. Mais comment faire autrement quand les mathématiciennes sont toujours si peu nombreuses qu'il faille les compter, les montrer, les rendre visibles pour espérer enfin une vraie mixité ? Rien que pour cela, Sophie Germain aurait accepté un peu de publicité.

58.
30.
141.
129. a b ∂ o g f p t
49.
129. a b ∂ o g f p t
128.
3. g p q
3. g p q
58.
141.
49.
129. a b ∂ o g f p t
30.
49.
129. a b ∂ o g f p t
141.
3. g p q
58.
49.
128.
49.
129. a b ∂ o g f p t
58.

Annexe

Le grand théorème de Fermat :

Avant de nous intéresser à Fermat, faisons d'abord un tour du côté de Pythagore et considérons son fameux théorème : $x^2 + y^2 = z^2$. Il existe une infinité de nombres entiers qui vérifient cette équation et que l'on appelle des « triplets ».

Par exemple : $3^2 + 4^2 = 5^2$.

Vous pouvez vérifier : $9 + 16 = 25$. Ça marche bien. Et ça marche tout autant si l'on multiplie les membres de ce triplet (3, 4, 5) par un même entier k.

Pour $k = 2$, on a $6^2 + 8^2 = 10^2$

Pour $k = 3$, on a $9^2 + 12^2 = 15^2$

Les triplets et leurs propriétés sont connus depuis l'Antiquité.

Au XVIIIe siècle, Pierre Fermat se demande ce qu'il advient de cette formule si l'on passe au cube. Aurait-on $x^3 + y^3 = z^3$? La réponse est non. Ça ne marche plus, et ça ne marche toujours pas quelle que soit la valeur donnée à l'exposant n dès qu'il est supérieur à 2...

Ce qui permet à Pierre Fermat d'affirmer : $x^n + y^n = z^n$ n'a pas de solution (c'est-à-dire ne marche jamais) pour n exposant entier supérieur à 2.

Mais affirmer n'est pas démontrer. Or vous savez que les mathématiciens sont intraitables à ce sujet. Même si l'on pense, même si l'on est quasi sûr, même si l'on donnerait sa main à couper, il faut démontrer que son équation (ou sa « non-équation » dans ce cas) marche dans tous les cas, sans exception aucune. Et là, seulement, on peut parler de théorème. Or Fermat s'est contenté de griffonner dans la marge d'un livre : *« J'en ai découvert une démonstration véritablement merveilleuse que cette marge est trop étroite pour contenir. »* Impossible de le croire sur parole. Des générations de mathématiciens, dont Sophie Germain, vont s'échiner à chercher la preuve de ce que Fermat avance. En vain. Jusqu'en 1994, date à laquelle le mathématicien britannique Andrew Wiles apporte une preuve générale de l'impossibilité de l'équation $x^n + y^n = z^n$ lorsque $n > 2$.

Remerciements

Un grand merci à Nathalie Grun, chercheuse aux Archives Henri-Poincaré (université de Lorraine – CNRS) et professeure de mathématiques dans le secondaire, pour ses conseils éclairés.

À Laurent Berthault, toujours là quand il faut.

À Marie-Aude Murail, Sophie Nédorézoff, Sandrine Weber, Céline Le Roux-Vincent, Emmanuelle Maupetit pour leurs encouragements.

À Aaron, Alexis, Antoine, qui aiment tant faire des maths.

À Olivier Azzola et Anne Lacourt, chargés respectivement des archives de Polytechnique et des Ponts et Chaussées, qui m'ont aidée à pister Antoine Augustin Le Blanc, ou Leblanc, selon les sources, ce qui était loin d'être pratique…

À Simon Singh, auteur de l'article « Math's Hidden Woman » *(1997) sur le site NOVA, dont j'ai emprunté le titre.*

Aux auteurs et scientifiques Anne Boyer, Amy Dahan Dalmedico, Cédric Villani, Alain Badiou, Marcus du Sautoy, Guillaume Libri, Hippolyte Stupuy, dont les écrits et les conférences ont nourri ce livre.

Merci au Centre national du livre pour son aide.

De la même autrice à *l'école des loisirs*

Collection MÉDIUM

Léonard de Vinci
Artiste ? Vous rigolez

Molière
Que diable allait-il faire dans cette galère ?

La Fontaine
En vers et contre tout !

58.
30.
141.
129. a
49.
129. a
128.
3.
3.
58.
141.
49.
129. a
30.
49.
129. a
141.
3.
58.
49.
128.
49.
129. a
58.